U0346823

土屋公二

日本"Musee Du Chocolat Theobroma"巧克力店首席巧克力师傅。1960 年出生于日本静冈县清水市（现静冈县清水区）。大学毕业后，在一家大型超市工作，1979 年开始成为糕点师。1982 年赴法国修学，从巴黎的一家面包房开始，先后在糕点店、巧克力店、餐馆中学习，后来深受巧克力吸引，立志成为一名巧克力师傅。1987 年回日本后，先后在东京的糕点店和巧克力店中任糕点师。1998 年辞职，1999 年 3 月，以制作最正统的巧克力为目标，创立了位于东京涉谷区富谷的"Musee Du Chocolat Theobroma"，自此引领了日本的巧克力热潮。现在在神乐坂、池袋、新宿都有分店。通过在糕点学校教课、演讲，或者参与糕点工厂的产品设计、推广等，致力于巧克力文化的推动和普及。

获奖经历（国外）

法国糕点大赛 Concours Charles Proust 银牌
法国糕点大赛 Concours Arpajon Piece Artistic 银牌
法国糕点大赛 Concours Arpajon Piece Artistic 铜牌

获奖经历（国内）

日本糕点大赛 Mandarine Naporéon Concours 国内预赛入选
法国食品协会 SOPEXA Concours 进入决赛
东京电视台第 1 届《电视冠军》西洋糕点选手权大赛 冠军
东京电视台《电视冠军》总决赛 第 3 名
加州葡萄推广大赛 创意奖
加州核桃推广大赛 入选

http://www.theobroma.co.jp/

Chocolats de Chocolatier

巧克力圣经

[日]土屋公二 ◆ 著　周小燕 ◆ 译

巧克力大师的美味秘诀

中国民族摄影艺术出版社

序 言

1999年3月，我自己的巧克力店开始营业。当时，社会大众对巧克力师傅这种职业并不算熟悉。但是，我凭着自己多年制作巧克力的自信，一直以巧克力师傅自称；在现在这种职业变得广为人知后，每天我也还是兢兢业业地工作。

虽然我制作巧克力的技艺十分熟练，但也会因为天气变化和食材的略微不同，让巧克力的味道不再纯正，所以每天都要认真谨慎。在巧克力调温或制作时需要使用温度计，但温度计只能用来确认温度，用自己的"五感"来判断巧克力的延展度和光泽等状态才是最根本的。当然，一切的前提是要遵照食谱，但充分发挥五感的作用也是必须的关键。不断追求味道和新鲜度，做出真正的美味，这才是巧克力师傅引以为傲的地方。

巧克力起源于欧洲，至今大约有200年的历史。巧克力文化在欧洲地区已经根深蒂固、深入人心了。虽然学习欧洲的传统巧克力非常重要，但是制作同样的巧克力并没有意义。要做出能体现东方的味道，既重视传统，又有自己的风格、更合乎时代潮流的巧克力，这才是最重要的。

起初，为了成为一名糕点师，我前往欧洲学习，在一家巧克力店中品尝到了美味的夹心巧克力，第一次感受到了巧克力的魅力。自此，我决定成为一名巧克力师傅。

因为一粒巧克力改变了我的命运，所以我认为糕点师是一种与梦想有关的职业。这本书的读者中，也许有人想成为巧克力师傅或者糕点师，也许有人想在家享受制作糕点的乐趣。即使初衷不同，阅读这本书时，也一定能感受到梦想。

本书介绍了我创办的"Musee Du Chocolat Theobroma"店颇受欢迎的巧克力，在家里也能按照食谱轻松制作出来。虽然制作巧克力和巧克力糕点并不简单，但大家只要严格按照书中的详细过程制作，就能重现巧克力师傅的高超技艺。大家能做出真正美味、富含梦想的巧克力和巧克力糕点，也是我的荣幸。

"Musee Du Chocolat Theobroma"店首席巧克力师

土屋公二

目录

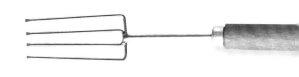

Diversités au Chocolat
巧克力的变奏曲

Gâteaux Frais du Chocolat
巧克力糕点

column
专栏 进一步了解巧克力

制作之前
- 调温巧克力是制作糕点用的可可含量较高的巧克力，一般称为基础巧克力。分为不含牛奶的黑巧克力、牛奶巧克力和白巧克力。巧克力标有可可含量，最好选择数值相近的巧克力。如果买不到，可以选择可可含量接近、自己喜欢的口味的巧克力。
- 制作巧克力时，室温要在18℃~20℃，湿度50%以下，制作夹心巧克力等调温巧克力时，室温最好在20℃~22℃。
- 烤箱提前预热到设定的温度。烘烤时间依据烤箱品牌不同略有差异，另外也要根据巧克力材料的搅拌程度和倒入模具的厚度等因素酌情加减时间，可以根据烘烤颜色来判断。家庭用的烤箱较小，打开烤箱门后烤箱内温度会立刻下降，所以开关烤箱门一定要迅速。
- 用碗明火加热时，碗受热变烫，一定要戴手套方可拿取。

Le Savoir du Chocolat

了解巧克力

巧克力来源于可可

巧克力涵盖范围十分广泛，从专业巧克力店的高级夹心巧克力到知名巧克力工厂制作的巧克力板，都可以称为巧克力。无论哪种巧克力成品，都是以制作糕点用的巧克力为原料制成的。而制作糕点用的巧克力的原料就是可可，可可作为巧克力的原料广为人知。

可可树，学名叫做Theobroma cacao。成年可可树高达10m，在树枝或树干都开满了花。Theobroma来源于墨西哥阿兹特克族的神话，在希腊语中意为"神的食物"。可可树在公元前2000年的古墨西哥就存在了，从10世纪开始人为种植。剖开可可树的种子（可可豆），会散发出浓郁的甜美香气，这是南方水果独有的香气。

以可可豆为原料经过复杂的加工才能制成巧克力。虽然会加入砂糖、牛奶、香料等，但决定巧克力味道的关键还在于可可豆。

古墨西哥的巧克力，并不像现在这般是甜美的糕点，而是做成粘稠苦涩的巧克力饮料，在大航海时代从墨西哥，经过西班牙、意大利、法国，传遍整个欧洲。传到西班牙时，还是苦涩的巧克力饮料。

随后，加入砂糖做成的、十分香甜的巧克力饮料开始在欧洲上流社会大受欢迎。1847年，英国人发明了凝固巧克力的技术，制作了如今颇受欢迎的巧克力板，也就是说我们现在熟悉的巧克力诞生仅有约200年。

从粘稠苦涩的巧克力饮料，发展成现在大家都认同的美味食物，这也是巧克力商、巧克力师傅们经历无数次的失败，持之以恒努力的结果。

植物可可树

巧克力以可可豆为原料，所以可可树生长的气候、环境都对味道有很大的影响。要制作巧克力糕点，了解可可树的特点也十分重要。

可可树生长于赤道南北纬20度以内的区域，需要年平均气温在27℃以上，而且全年气温波动不大、高温潮湿的地方。能够满足这些条件的，现在种植的可可树区域主要在西非、中南美洲、东南亚三大区域。可可树高7m～10m，树干粗10cm～20cm，不仅在树枝末端、树枝中部，甚至树干的地方都开满了花。1棵树能开5000～15000朵花，大约能结50～150颗果实，6个月后成熟。

可可树的果实叫做可可豆荚，长约25cm～30cm，形似橄榄球。里面被白色果肉包裹着大约50粒可可豆。可可豆长2cm～3cm，形似扁平的杏仁。一般全年可收获春秋两次。

现在种植的可可豆，主要分为克里奥罗（criollo）、佛拉斯特罗（forastero）、崔尼挞利奥（trinitario）三种。

克里奥罗品种的可可豆，病虫害抵抗性很差，是很难种植的品种。只在委内瑞拉、墨西哥等少量出产。但这种可可豆品质最高，苦味和酸味很少，香味独特，是可可豆中的佳品。

佛拉斯特罗品种的可可豆，大多产于西非或者东南亚地区，是可可豆的主要品种。香味稍弱，涩味、苦味、酸味也很强烈。香味略有刺激性。

崔尼挞利奥品种的可可豆，是克里奥罗和佛拉斯特罗的杂交品种。容易种植，品质优良，制作巧克力时作为混合可可豆必不可少。在委内瑞拉、特立尼达和多巴哥等中南美洲种植。

收获的可可豆，一般要盖上香蕉叶或布进行发酵。可可豆种类不同，发酵期也不同，在3～10天的发酵期，周围附着的果肉会完全脱落，可可豆中的成分发生变化，可可豆的香气散发出来，颜色变成为褐色。发酵完成后，将可可豆干燥到水分6%以下。主要是日光晒干，极少一部分使用机器热风干燥。豆子成熟、干燥后，变为加工用的可可豆，运往世界各地的巧克力原料工厂。

委内瑞拉的可可园。

上/花蕾和结果的果实。
右/可可花。
花朵的直径、高度都在3cm左右，没有香味。

在可可豆荚里，可可豆并排在果肉里面。

将发酵完成的果实置于日光下晒干。

等待发货的可可豆。将60kg可可豆装入麻袋准备出口。

可可转化为巧克力

从可可原产国出口的可可豆，会送往巧克力原料工厂加工成巧克力。下面讲述一下可可豆制成巧克力的步骤。

可可豆大约有55%是可可脂，剩下大约45%是固体成分。可可豆经过挑选、烘烤、去除表皮、磨碎这些步骤，就变成可可碎粒。可可豆的胚乳部分，也叫做可可浆。将可可碎粒用擀面棒擀成细末，其中的可可脂就会软化，变成暗褐色的可可泥。此时，有单纯放入可可碎加工的方法，或者加入其他原料混合的方法。

此时的成品叫做可可液块，严格起来还不能称为巧克力，但从味道来说也有叫做苦巧克力的。可可液块没有一点甜味，制作不想增加甜度的巧克力制品，突出苦味，或者调和成美丽的茶褐色时使用。

稍微偏离一下巧克力制作过程，以可可液块为基础，可以分离出可可脂和可可团块。将可可脂加入巧克力中可以制作调温巧克力（参考P14～P15），也用于制作药品。将与可可脂分离剩下的可可团块磨碎，做成可可粉。

可可碎粒磨碎制成的可可液块质地粘稠，可以加入砂糖、奶粉、香料等。用擀面棒擀到顺滑，放入搅拌机，长时间搅拌。继续调温，让可可脂形成稳定的结晶，倒入模具中，冷却凝固。

这样制作糕点用的巧克力就做好了，可以用来制作各种巧克力食品和巧克力糕点。一般会将几种品种或产地不同的可可豆混合制作。混合后做出的味道，不再是一种可可豆的味道，会变得更浓郁深厚。近年来，也出现了使用相同产地、单一品种的可可豆制成的巧克力，也叫做单一来源的纯巧克力。

巧克力成分

本书主要使用的制作糕点用的巧克力，一般叫做调温巧克力（Couverture chocolat）。Couverture在法语中指的是毛巾，也有覆盖的意思，相当于英语中的Cover。

调温巧克力，一般可可含量在35%以上，其中可可脂含量31%以上，固体成分含量2.5%以上，除可可脂之外不含其他油脂。调温巧克力有严格的国际标准，在加工过程中，将可可脂去除，加入棕榈油等其他植物油脂制成的巧克力，是不能称作调温巧克力的。不过，这种国际标准只适用于进口巧克力，日本产的调温巧克力没有相关标准，可以参考右方的标准。

调温巧克力的可可含量百分比，分为固体成分、可可脂、还有追加油脂的可可脂。追加油脂，是指除了可可豆本身含有的可可脂外，再加入7%~14%的可可脂。这样就能做出非常顺滑、流动性高的巧克力。原来的可可脂和追加油脂的可可脂合起来，就是脂肪总量，以此和可可成分的含量算作比例。

调温巧克力中，从可可含量35%到可可含量80%，多种多样。可可含量越高，苦味越强，价格越高，固体成分越多，颜色越深。有很多人认为价格昂贵的就一定是高级巧克力，这是因为可可价格昂贵，所以含量越多巧克力价格就越高。

虽然可可含量的百分比相同，但是使用的可可豆种类，或者混合可可豆的搭配，苦味、酸味不同，香气和香味也大有不同。作为一名专业巧克力师傅，选择合适的巧克力搭配糕点，才是关键之处。

【日本巧克力以及准巧克力的成分标准】

巧克力

可可含量35%以上，可可脂占总重量的18%以上。

牛奶巧克力

可可含量21%以上，固体乳脂占总重量的14%以上。

准巧克力

可可含量15%以上，油脂占总重量的18%以上。

准牛奶巧克力

可可含量7%以上，油脂占总重量的18%以上，乳脂占总重量的12.5%以上，但符合巧克力标准的除外。

调温巧克力的种类

调温巧克力，一般是1kg、2kg和5kg的板状，用颜色来区分，分为黑巧克力、牛奶巧克力和白巧克力。

Couverture noire
调温黑巧克力

在黑巧克力中，除了可可成分（可可液块和可可脂）以外基本都是砂糖。减掉可可成分的含量，剩余的就是砂糖含量。可可含量70%的巧克力，砂糖含量在29%以上；可可含量55%的巧克力，砂糖含量在44%以上。可可成分越多砂糖含量越少，所以苦味会越来越强。另外，可可比砂糖的价格要贵，所以可可含量越高，巧克力价格就越贵。

制作过程中，可可含量55%～60%的调温巧克力比较方便操作。可可含量在70%以上的巧克力，可可脂较多，砂糖较少，制作过程中容易分离和凝固，所以不方便操作。最近有很多可可含量很高的巧克力板上市，但是可可含量超过70%以后，大多数人都会感到强烈的苦味，不适合用来制作普通味道的糕点。和其他的调温巧克力一样，可可和砂糖的含量相加也不会到100%，因为还有卵磷脂和香料等约占1%的成分。

黑巧克力原料（可可含量55%）

可可豆	可可脂①··········	21.6%
(可可液块)	固体成分②········	26.4%
追加油脂的可可脂③···········		7%
砂糖···········		44%
卵磷脂、香料···········		不到1%

①+②=可可液块48%

①+②+③=可可总量55%

①+③=脂肪总量28.6%

牛奶巧克力原料（可可含量35%）

可可豆	可可脂①··········	6%
(可可液块)	固体成分②········	5%
追加油脂的可可脂③···········		24%
奶粉（全脂奶粉+脱脂奶粉）·····		24%
砂糖···········		40%
卵磷脂、香料···········		不到1%

①+②=可可液块11%

①+②+③=可可总量35%

①+③+全脂奶粉的油脂=脂肪总量33.4%

Couverture lait
调温牛奶巧克力

　　牛奶巧克力是指加入牛奶的巧克力，使用的牛奶是去除水分的全脂奶粉和脱脂奶粉。加入奶粉后，巧克力会变得粘稠，需放入追加油脂的可可脂来提高流动性。全脂奶粉大约含有26%的乳脂成分，脂肪总量计入了可可脂的含量，所以较高。

　　因为加入了奶粉，所以可可固体成分的含量变少。影响巧克力苦味和颜色的固体成分变少，所以巧克力颜色变淡，也更香甜。其中，有些巧克力的砂糖含量要比黑巧克力的还少。

　　可可豆、混合可可豆和奶粉的品质，影响了牛奶巧克力的味道和品质。和黑巧克力不同，可可和奶粉有复杂的组合方法，所以厂家不同，巧克力味道也大有不同。

Couverture blanche
调温白巧克力

　　白巧克力和黑巧克力、牛奶巧克力不同，颜色呈白色，这是因为不含有可可豆中的褐色部分（固体成分）。虽然含有31%以上的可可脂，但几乎不含可可豆的固体成分。

　　因为可可总量未超过35%，本来不应属于调温巧克力的范畴，但是巧克力师傅们习惯性称它为调温白巧克力。实际进口的时候，白巧克力并不包含在巧克力类目中。为了让产品的味道和种类丰富多样，以及制作美丽的装饰，白巧克力必不可少。

白巧克力的原料

可可豆、可可脂①⋯⋯⋯⋯⋯⋯⋯ 31%
奶粉（全脂奶粉+脱脂奶粉）⋯⋯ 28%
砂糖⋯⋯⋯⋯⋯⋯⋯⋯⋯⋯⋯⋯⋯ 40%
卵磷脂、香料⋯⋯⋯⋯⋯⋯⋯⋯ 不到1%

①+全脂奶粉的油脂=脂肪总量33.4%

Grué

可可碎

将可可豆去除外皮和胚芽，粗略磨碎制成。可以烘烤后磨碎，也可以磨碎后烘烤。用作装饰，凸显可可的香味和口感。将可可碎炒过，用擀面棒磨碎后，就变成可可液块。

Fève de cacao

可可豆

英语是cacao beans，一般在工厂烘烤后使用，磨碎后制成可可碎或可可液块。

Pâte de cacao

可可液块

将可可豆去除外皮和胚芽，磨碎后制成。不含砂糖等其他成分，有着纯粹的可可味道。因为味道纯粹，也被称为苦巧克力。颜色是近似黑色的茶褐色，味道非常苦。不需要增加甜度、强调纯粹的巧克力味道、凸显美丽的茶褐色时使用可可液块。加入砂糖和奶粉后，制成巧克力。

Beurre de cacao

可可脂

将磨碎可可豆制成的可可液块，加压榨出的油脂，就是可可脂。没有可可的味道且几乎没有任何味道。在追加油脂，或者调节流动性时使用。

Gianduja
榛子巧克力

将可可豆烘烤，加入磨碎的榛子仁制作的巧克力，发源于意大利。也可以用杏仁或其他果仁代替榛子仁使用。

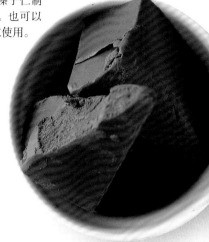

可可变化而来
的巧克力家族

可可豆，除了可以制成调温巧克力之外，还有制成可可粉等多种制品。这些在制作巧克力糕点时经常用到，一定要记住。

Pâte à glacer
代可可脂巧克力

不用从可可液块中分离出可可脂，而是加入植物油脂和砂糖制成。因为不含可可脂，所以无需调温。延展性好，适合用来装饰。

Couverture
纽扣巧克力

调温巧克力一般是板状的，也有颗粒状的，叫做纽扣巧克力。和板状的巧克力成分没有差别，但是无需切割，容易软化，方便搅拌。

Poudre de cacao
可可粉

从可可豆磨碎制成的可可液块，可精炼出大约2/3量的可可脂，磨碎制成粉末。和巧克力味道一样，用于调节味道。一般可可脂含量在12%~16%之间，也有略高的在22%~26%之间。

Le tempérage
调温巧克力

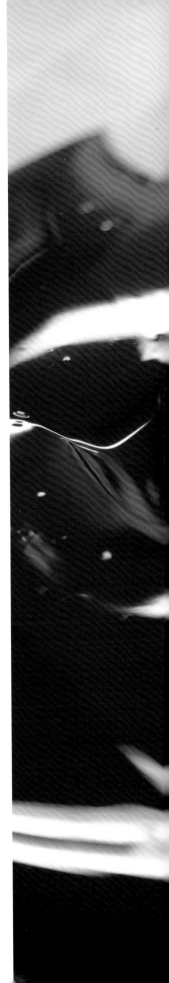

　　将调温巧克力用于制作松露或倒入模具凝固成造型巧克力时，如果单单软化就直接制作，是做不出味道香甜、质感顺滑的巧克力的，所以将其调温的过程必不可少。

　　调温简单来说，就是调节温度的意思。这是由巧克力内含有大量可可脂的性质决定的。可可脂在植物油脂中也是非常特殊的一种，有6种结晶形状。从16℃到35℃不同的熔点，结晶形状各有不同。最终作为固体凝固时，要想结成最好的结晶，先要凝固，再收缩，最后出现光泽。所以，调温的目的就是将不同的结晶连接起来，形成稳定的结晶状态。

　　如果不调温，不以最好的结晶状态凝固，巧克力凝固时需要更多的时间，表面没有光泽，也很粗糙。两三天后，表面有可可脂浮现出来，呈现白色，出现斑点，形成白霜现象。另外使用模具时，时间再长也很难从模具脱离出来，完全失去了巧克力的3种特质：凝固、收缩和光泽。

　　调温一般在大理石台上操作，也可以使用不锈钢台。主要是想制作出理想的温度变化的纹理，大理石台是最好的选择。想要准确地对巧克力调温，关键在于保持一定的温度。保温器最适合用来保持温度，没有的话可以用保温板、照射灯等代替。另外也可以隔水加热，保温的时候注意不要混入水蒸气。

　　调温可以结出好的结晶，还可以保持一定的结晶数量和大小。所以实际操作时，一定不要忘记重要的调温步骤。

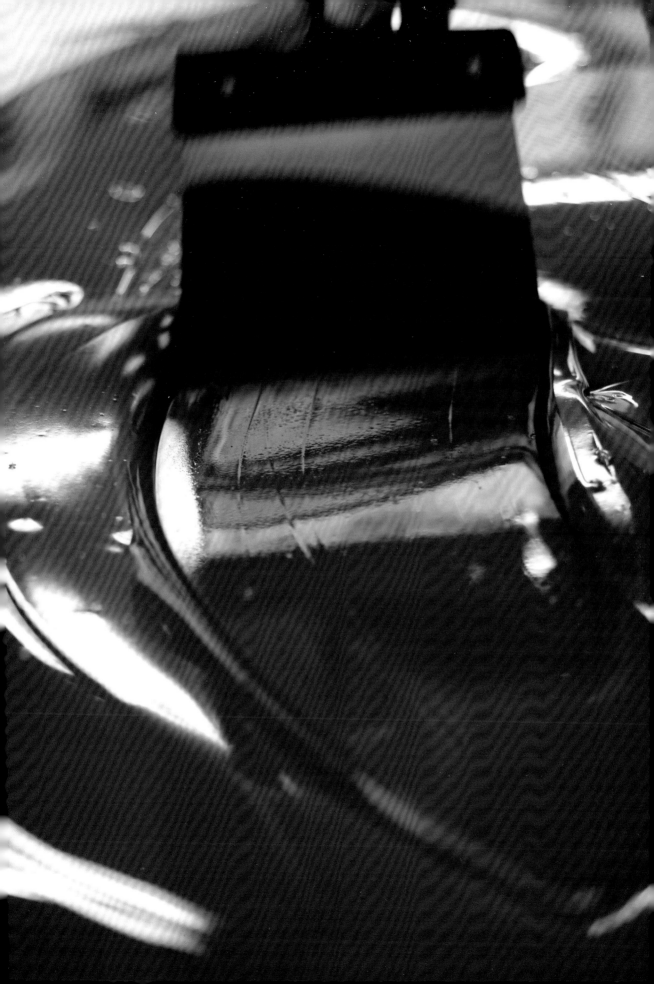

Le tempérage
关于调温

调温就是将巧克力软化、冷却，再加热的过程，最重要的是每个步骤的温度。

首先，理想的软化温度，黑巧克力是50℃~55℃，牛奶巧克力是45℃~50℃，白巧克力是40℃~45℃。提高到这个温度时，所有的结晶都消失了。

其次就是让软化的巧克力再次结晶的冷却温度，黑巧克力是27℃~28℃，牛奶巧克力是26℃~27℃，白巧克力是25℃~26℃。这时的巧克力质地非常粘稠，开始再次结晶。如果在结晶状态凝固的话，无法做出品质优良的巧克力。

再次提高温度，结晶状态变为V型（β型），就只剩下最好的结晶。最终的保温温度（调温温度），黑巧克力是31℃~32℃，牛奶巧克力是29℃~30℃，白巧克力是28℃~29℃。

调温时，不管是用何种方法，都一定不要加水。即使加入少量水分，调温巧克力也会变得厚重、难以操作，产生斑点。

【使用大理石台时】

巧克力软化结晶消失后，倒在大理石台上展开，边降低温度边调整的方法。

材料（方便制作的量）
调温巧克力（黑巧克力、牛奶巧克力）2kg以上

切割

1 从调温巧克力的一端斜着开始切，切的面积越小越容易切开，所以将调温巧克力切成三角形。建议用切面包刀等刀刃较长的刀比较好切。

2 将大块的巧克力继续切小。如果切成粉末状，会导致温度上升过快使巧克力软化，只要切成拇指指甲大小就可以了。

3 将切碎的巧克力的1/3倒入不锈钢碗内。

黑巧克力的操作温度

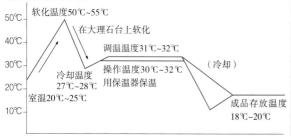

调温巧克力操作温度

	软化温度	冷却温度	调温温度	冷却温度	存放温度
黑巧克力	50℃~55℃	27℃~28℃	31℃~32℃	10℃~18℃	18℃~20℃
牛奶巧克力	45℃~50℃	26℃~27℃	29℃~30℃		
白巧克力	40℃~45℃	25℃~26℃	28℃~29℃		

8 当黑巧克力温度为27℃~28℃、牛奶巧克力温度为26℃~27℃时，刮入碗内快速搅拌。

软化

4 在比碗略小一号的锅内，倒入热水煮沸，再放上碗，不时搅拌，使巧克力慢慢软化（要注意隔水加热的热水不要混入巧克力内）。

5 没有颗粒残留后，加入剩下的巧克力的1/2软化，软化后再放入剩下的巧克力软化，黑巧克力温度在50℃~55℃，牛奶巧克力在45℃~50℃。将碗从锅上取下，放置冷却到34℃。

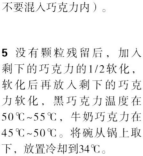

调节温度

6 将1/3的巧克力留在碗内，剩下的倒在大理石台上。为了不让空气混入巧克力中，用三角刮板摊开巧克力，让巧克力和大理石台紧紧贴合。贴近大理石台一侧的巧克力温度略低，表面温度略高，搅拌成一样的温度。

9 和碗内的巧克力混合，将黑巧克力加热到31℃~32℃，白巧克力加热到29℃~30℃。温度过低时，在碗底明火加热，使巧克力升温。

保温

10 调温完成后，倒入保温器隔水加热，将温度保持在30℃~32℃。

7 将整体搅拌均匀，再重复**6**的步骤。同样用三角刮板摊开巧克力。贴近大理石台一侧的巧克力温度略低，表面温度略高，搅拌成一样的温度。

【使用碗时】

如果没有大理石台，也可以使用略大的碗。使用纽扣巧克力来调节温度。纽扣巧克力和板状巧克力成分是一样的，但更容易软化，方便搅拌。

材料（方便制作的量）

调温黑巧克力　2kg

纽扣黑巧克力　适量

切碎软化

1 将调温巧克力切碎软化，加热到50℃~55℃，静置到34℃~35℃，切割方法和使用大理石台的步骤1~5相同（参考P22~P23）。

调节温度

2 一点点放入纽扣巧克力搅拌，将调温巧克力温度下降到27℃~28℃。

3 小火加热碗底，离火后用力搅拌。也可以使用吹风机加热。重复这个步骤，让纽扣巧克力完全软化，将温度加热到32℃。当温度达到31℃~32℃，调温就完成了。调温完成后，用保温器加热或者隔水加热，将温度保持在30℃~32℃（参考P22~P23）。

→ **调温的关键** ←

使用温度计测温

将调温巧克力软化→冷却→加热的过程，就是调温的过程。每个步骤的温度非常重要，所以一定要用温度计测温。

在保温前检查

温度调节后，检查一下是否正确地调温。用刮板或者油纸取少量巧克力，室温放置（a、b）。正确调温的话，5分钟左右就凝固好了。没有正确调温的话，时间再长也不会凝固（c）。如果没有正确调温，要将巧克力重新调温，加热到黑巧克力温度50℃~55℃，牛奶巧克力45℃~50℃，白巧克力40℃~45℃。

【白巧克力调温时】

使用大理石台时，和黑巧克力、牛奶巧克力方法相同，但温度不同。

材料（方便制作的量）

调温白巧克力　2kg以上

切碎软化

1 将调温巧克力切碎软化，将温度提高到40℃~45℃，静置让温度下降到33℃，和使用大理石台的步骤1~5相同（参考P22~P23）。白巧克力调温时，方法相同，但温度不同。

调节温度

2 将巧克力的1/3留在碗内，其余倒在大理石台上。

3 为了不让空气混入巧克力中，用三角刮板摊开，让巧克力和大理石台紧紧贴合。

4 巧克力温度降到25℃~26℃，搅拌到粘稠时快速倒入碗内。

5 和碗内的巧克力混合，整体温度提高到28℃~29℃。温度较低时，用火稍微加热碗底来调节温度。

保温

6 调温完成后，用保温器加热或者隔水加热，将温度保持在28℃~29℃。

Variétés de Chocolat

巧克力家族

Amandes Chocolat et Orangettes

杏仁巧克力和糖渍橙皮巧克力

巧克力调温后，首先制作杏仁巧克力和糖渍橙皮巧克力。将杏仁和糖渍橙皮裹上巧克力，是最基础的巧克力糕点之一。

巧克力是否美味，我认为有70%取决于材料的品质，所以挑选杏仁、糖渍橙皮非常重要。杏仁选自西班牙出产的上好马尔科纳品种，橙皮也选自西班牙出产的香味浓郁、略有苦味的橙皮。

制作杏仁巧克力，要求认真和力道。杏仁表面裹上焦糖，口感香酥，再分几次将巧克力淋在上面，然后用力搅拌！

糖渍橙皮巧克力是将糖渍橙皮裹上杏仁粉，再裹上拌入杏仁碎的巧克力制成的。加入杏仁，让味道更醇香，巧克力和橙皮也相互融合成美妙的味道。最理想的是将橙皮裹上一层薄薄的巧克力，不要贪多。

杏仁巧克力

香味浓郁的杏仁和巧克力组合起来，
超级美味。杏仁还要裹上焦糖，所以
不要烤焦。

材料（方便制作的量）

调温巧克力　400g

　黑巧克力，可可含量70%，已调温完毕（参
　考P22~P25）

杏仁（西班牙产马尔科纳杏仁）　500g

细砂糖　135g

水　45g

无盐黄油　20g

无糖可可粉　20g

西班牙产杏仁

美国加利福尼亚出产的杏
仁出口多，较常见。西班
牙产的品质更好，但是进
口量少。马尔科纳杏仁颗
粒较小，呈圆形。

意大利西西
里岛杏仁

西班牙马尔
科纳杏仁

加利福尼亚
极品大杏仁

→ 顺序 ←

调温（参考 P22 ～ P25）

↓

1 提前准备

　烘烤杏仁

↓

2 **裹焦糖**

↓

3 **裹巧克力**

↓

4 **撒可可粉**

提前准备

1 将杏仁平铺在方盘上，
不要重叠，放入预热至
170℃的烤箱烤8分钟左
右。

2 淋焦糖时还需要加热，
所以烘烤到稍微变色即
可，不要烤焦。左：烘烤
前。右：烘烤后。

裹焦糖

3 将细砂糖和水倒入大铜
碗内，大火加热。碗越
大，越容易搅拌。

4 加热到117℃，不要搅
拌。一定要用温度计测
温。

5 放入杏仁，中火加热，
搅拌均匀，让杏仁都裹上
一层焦糖。

6 虽然会黏成一大块，但
也要继续用力搅拌。

7 黏在一起的杏仁变得粒粒分明，表面呈焦糖色后，放入黄油搅拌，黄油油脂能将杏仁一个个分开，搅拌到变成茶褐色时关火。

8 将杏仁铺在大理石台上（不锈钢台也可以），立刻用刮刀摊平。快速操作，不然温度降低会开始凝固。边搅拌使其冷却，边用抹刀将杏仁一个个分开。

9 冷却到用手可以触摸后，再用手将杏仁一个个分开，等到完全冷却。

裹巧克力

10 将杏仁放入碗内，加入1/5调温后的巧克力。操作时如果巧克力冷却到30℃左右，就开明火略微加热，将温度提高到32℃再操作。

11 转动大碗，从碗底开始翻拌，让杏仁均匀裹上巧克力。

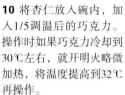

12 杏仁一个个分开，巧克力凝固后就可以了。

13 将剩下的巧克力分4次加入，同样搅拌后裹上巧克力。

14 重复4次。放入最后的巧克力搅拌。

15 杏仁一个个分开，巧克力凝固后就可以了。

撒可可粉

16 裹上巧克力后，立刻倒入可可粉搅拌。

17 搅拌到巧克力凝固，发出碰撞的声音时，就完成了。

Amandes Chocolat

糖渍橙皮
巧克力

清香的橙皮再裹上杏仁，
味道更加浓郁。没有橙皮
细丝时，可以自己切细。

材料（方便制作的量）

调温巧克力　1500g
　　黑巧克力，可可含量70%，已调温
　　完毕（参考 P22~P25）
糖渍橙皮细丝　200g
杏仁粉　100g
杏仁碎　150g

糖渍橙皮

橙皮产自西班牙，在法国加工制成，
香味浓郁。

→ 顺序 ←
调温
↓
1　提前准备
↓
2　烘干橙皮
↓
3　撒上杏仁粉
↓
4　撒上杏仁碎

提前准备

将杏仁粉、杏仁碎各自铺在方
盘上，用预热至150℃的烤箱
烤10~12分钟，不时搅拌，烤
到略微呈金黄色。烘烤后香味
会逐渐散发出来。

烘干橙皮

1 将橙皮摆在烤架上，让
水分蒸发，只要让表面干
燥就可以了。急用时可以
用预热至150℃的烤箱烤
3~5分钟，将水分烘干。

撒上杏仁粉

2 将杏仁粉铺在方盘上，
放入橙皮，裹上杏仁粉。

3 将少量2倒入筛网内，
筛去多余的杏仁粉。剩下
的杏仁粉可以用于制作其
他糕点。

撒上杏仁碎

4 将调温后的巧克力倒入
小碗内，倒入杏仁碎搅
拌。碗内口径越深越方便
操作，所以最好用小碗。

5 用叉子叉住橙皮，每一根都裹上巧克力。将橙皮插入巧克力中，整体都裹上巧克力。

6 拉起橙皮，将多余的巧克力刮在碗边。薄薄裹上一层巧克力即可。操作时如果巧克力温度降到30℃左右，用明火略微加热，加热到32℃再操作。

7 将硅油纸铺在方盘上，有间隔地摆在上面，凝固。

失败案例

橙皮没有完全干燥，裹上巧克力后就会有水分。这样巧克力表面会坑坑洼洼，也不能长期保存。

专栏1
进一步了解巧克力

巧克力糕点和制作糕点用的巧克力完全不同

在便利店或超市购买的巧克力板，和制作糕点用的巧克力看似一样，其实不同。

调温巧克力在P14~P17已有说明，原料主要是可可固体成分和可可脂。黑巧克力在此基础上加入砂糖，牛奶巧克力则是加入砂糖和奶粉。虽然可可脂固体成分原本就有可可脂，但还要另外加入可可脂来增加流动性。一般用可可脂百分比来标注含量，但这个可可脂是指可可固体成分和可可脂相加的总量。黑巧克力可可脂含量70%，剩下的约30%是砂糖。

另一方面，市售的巧克力糕点，将可可固体成分中的可可脂分离出来，加入棕榈油等植物油脂混合。这样即使常温放置也很难软化。混合50%的砂糖，即使黑巧克力也大多混有奶粉，味道和香气较弱，软化后比较粘稠，流动性差，难以操作。制作糕点时一定要使用制作糕点用的巧克力，要按照P22~P25的步骤来调温。

Truffes

Les Truffes à La Vanille
Les Truffes au Cognac

松露

香草松露/白兰地松露

松露是夹心巧克力（一口大小巧克力的总称）的代表作。以菌类松露命名，本来专指球状巧克力沾满可可粉，后来将棒状的、粘有糖粉的也称作松露。一般将巧克力和淡奶油混合做成甘纳许为内馅，周围裹上薄薄一层巧克力。甘纳许内加入洋酒或者香草，和不同类型的巧克力组合，就变化出不同的味道了。

虽然做法比较简单，但是到完成却需要相当长的时间。甘纳许做好后，要室温放置自然冷却，挤出形状后放置2天使其干燥，只要花费时间耐心制作，就不会失败。

松露是否美味，取决于内馅甘纳许的口感。将沸腾后的淡奶油加入巧克力搅拌，最关键的是使其完全乳化。用橡皮刮刀从中心开始，慢慢搅拌使其乳化，先做出内核。接着改用打蛋器，用力搅拌使其乳化。乳化完毕的甘纳许，口感非常顺滑。

内馅做好后，裹上一层薄薄调温后的巧克力。这个步骤也叫做浸蘸，重复2次薄薄裹上一层最为理想。最后用调温后的调温巧克力来收尾。

Les Truffes à La Vanille

香草松露

巧克力本来就添加了香草的香味，所以无需添加就可以做出香草味道的巧克力。形状近似小球，是一款非常基础的巧克力。

材料（约100个）

【内馅】

调温巧克力　490g

　黑巧克力，可可含量65%左右，已调温完毕（参考 P22 ~ P25）

淡奶油（乳脂含量38%）　250g

转化糖浆 *　25g

无盐黄油　50g

【镜面巧克力酱】

调温巧克力　2kg

　黑巧克力，可可含量70%，已调温完毕（参考 P22 ~ P25）

无糖可可粉　适量

*将蔗糖分解成葡萄糖和果糖，味道厚重香甜。

 顺序 ←

调温（参考 P22 ~ P25）

↓

1 制作内馅

↓

2 制作形状

↓

3 浸蘸（第1次）

↓

4 浸蘸（第2次）

制作内馅

1 将调温巧克力用刀切碎，放入碗内。

2 锅内倒入淡奶油，加入转化糖浆，开火加热。

3 将淡奶油煮到沸腾，倒入1的碗内。

4 用橡皮刮刀轻轻搅拌，静置约3分钟，用余热软化巧克力。

5 从中心开始轻轻搅拌，让巧克力和淡奶油乳化，慢慢搅拌到全体乳化。

6 改用打蛋器，将打蛋器前后移动搅拌，让淡奶油和巧克力继续乳化，口感更好。

7 搅拌到出现光泽后，加入室温软化的黄油。

8 用打蛋器用力搅拌，继续乳化。

9 用汤匙舀起，用手指抹一下，巧克力不会滴落还留在上面，就证明乳化完毕了。

10 乳化后，室温20°C左右放置5～6个小时，自然冷却到20°C，这样容易挤出。

11 急用时，可以在碗底放入冰水冷却。边搅拌边冷却，不时从冰水中拿开，慢慢下降到20°C左右。长时间放在冰水中，只有外侧的巧克力凝固，所以要不时拿出冰水，经常搅拌。

制作形状

12 将内馅放入装有1cm花嘴的裱花袋中，在硅油纸上挤出直径约2.5cm的小球（约8g）。底部略大的圆形是最为理想。

13 静置20～30分钟使其干燥。戴上手套，按压突出的部分，整成圆形。

浸蘸（第1次）

14 戴上手套，用手蘸上调温后的巧克力，放上2～3个松露巧克力，在手中滚动，裹上巧克力。

15 再放在硅油纸上干燥。重复操作，将所有的松露内馅裹上巧克力。

浸蘸（第2次）

16 将松露内馅浸入调温后的巧克力中，用叉子按压到碗底，全部浸满巧克力后取出。

17 轻轻吹落多余的巧克力。

18 放入可可粉中，静置到表面的巧克力凝固。巧克力凝固后，用叉子拨动，均匀裹上可可粉。

19 放入筛网内轻轻筛动，筛落多余的可可粉。

Les Truffes au Cognac

白兰地松露

在甘纳许中混有大量的白兰地。形状和香草松露一样，都是挤成圆形。

材料（约 100 个）

【内馅】

调温巧克力　500g

　黑巧克力，可可含量 65% 左右，

　已调温完毕（参考 P22~P25）

淡奶油（乳脂含量 38%）　250g

转化糖浆 *、无盐黄油　各 25g

白兰地　35g

【镜面巧克力酱】

调温巧克力　2kg

　黑巧克力，可可含量 70%，

　已调温完毕（参考 P22~P25）

无糖可可粉　适量

*将蔗糖分解成葡萄糖和果糖，味道厚重香甜。

→ 顺序 ←

调温（参考 P22~P25）

↓

1　制作内馅

↓

2　凝固内馅

↓

3　浸蘸（第 1 次）

↓

4　制作形状

↓

5　浸蘸（第 2 次）

制作内馅

1 将调温巧克力用刀切碎，放入碗内。

2 锅内倒入淡奶油，加入转化糖浆，开火加热。

3 将淡奶油煮到沸腾，倒入 1 的碗内。

4 用橡皮刮刀轻轻搅拌，静置约 3 分钟，用余热软化巧克力。

5 从中心开始轻轻搅拌，让巧克力和淡奶油乳化，慢慢搅拌到全体乳化。

6 改用打蛋器，将打蛋器前后移动搅拌，让淡奶油和巧克力继续乳化，口感更好。

7 搅拌到出现光泽后，加入室温软化的黄油。

8 一点点加入白兰地，用打蛋器继续搅拌使其乳化。加入大量的白兰地容易油水分离，所以必须一点点加入。

9 用打蛋器用力搅拌，继续乳化。用汤匙舀起，用手指抹一下，巧克力不会滴落还留在上面，就证明乳化完毕了。

10 乳化后室温20°C左右放置，自然冷却到28°C左右。

凝固内馅

11 准备4根1.5cm厚的铝棒。方盘铺上硅油纸，用铝棒搭成约25cm×25cm的四边形。倒入内馅。

17 再盖上一块方盘，上下翻过来，撕下硅油纸。

18 底面同样装饰上一层薄薄的巧克力。

12 用抹刀将表面抹平。

制作形状

19 用切割器切割成1.5cm×2.5cm大小，在家里制作时可以用热过的刀切割。

13 室温20°C左右放置4~5个小时，冷却凝固。

浸蘸（第2次）

20 将切好的方块浸入调温后的巧克力中，用叉子按压到到碗底，全部浸满巧克力后取出。

浸蘸（第1次）

14 将刀插入铝棒和内馅之间，将铝棒割下。

21 轻轻吹落多余的巧克力。

15 用抹刀涂上调温后的巧克力，薄薄覆上一层即可。

22 放入可可粉中，静置到表面的巧克力凝固。巧克力凝固后，用叉子拨动，均匀裹上可可粉。

16 干燥后，盖上硅油纸。

23 放入筛网内轻轻筛动，筛落多余的可可粉。

Bonbons au chocolat

Cerises au kirsch
Manon

夹心巧克力
樱桃夹心巧克力/奶油夹心巧克力

夹心巧克力有很多种类，这里介绍2种不同的内馅。一个是把使用利口酒腌渍的樱桃制作的樱桃夹心巧克力。樱桃上市后用酒腌渍3个月后方可使用，虽然比较花费时间，但是一定要自己腌渍樱桃。个头小、味道甘甜的樱桃非常适合用来做巧克力，我们店里使用的就是北海道的水门樱桃，不过，使用佐藤锦樱桃也很美味。这种巧克力里面的翻糖软化后更加美味，所以最好制作完成1周后食用。

另外一个，就是比利时传统的奶油夹心巧克力。因为难以保存，所以在日本很少见到。

奶油夹心巧克力的内馅是黄油和淡奶油搅拌制成，所以入口即化，这种内馅也叫做比利时黄油酱。因为很难凝固，所以在浸蘸巧克力（薄薄装饰一层巧克力）时，一定要小心，不要破坏形状。这里是用星形花嘴挤出来的，也可以用圆形花嘴挤成圆球。对不熟悉巧克力的新人来说，使用后者更方便操作。

樱桃夹心巧克力有着巧克力和翻糖的甘甜，樱桃白兰地的味道在口中久久不能散去。奶油夹心巧克力味道浓郁，入口即化，非常美味。尽享不同的组合，感受到巧克力的奥妙。

樱桃夹心巧克力

做好后静置一会儿，樱桃梗会渗出汁液，但这并不是失败了，擦去即可。

材料（约 20 个）

樱桃 *1 1 盒
樱桃利口酒 *2 适量
翻糖 *3 500g
调温巧克力 适量
　黑巧克力，可可含量 65%，已调温完毕（参考 P22~P25）

*1 建议使用颗粒较小、肉质略硬、甘甜的樱桃，像美国樱桃这种颗粒较大、肉质较软的不适合用来制作。
*2 由樱桃制作的利口酒。

*3 翻糖是将糖液搅拌，砂糖结晶制成的。

➔ 顺序 ◆

1 酒渍樱桃（腌渍 **3 个月以上**）

调温（参考 **P22 ~ P25**）

2 提前准备

3 制作底座

4 裹上翻糖

5 浸蘸

酒渍樱桃

1 樱桃用水洗净，沥干水分。放入煮沸消毒的瓶子或容器中，装满倒入利口酒，密封放在阴凉处（或冰箱）腌渍 3 个月以上。

2 腌渍 3 个月后（图片左），樱桃的颜色脱落变成茶色。

提前准备

3 将腌渍的樱桃倒入笊篱中，沥干汁液。汁液可以用来制作糕点。

4 樱桃摆在纸巾上，擦干水分。

制作底座

5 方盘铺上硅油纸。用硅油纸制作圆锥型裱花袋（参考P159）。

6 将调温后的黑巧克力装入裱花袋中，将裱花袋剪出小口。

7 挤在方盘的硅油纸上，挤5~6个直径约1cm的圆形。

8 轻敲方盘底部，让巧克力延展成直径2cm的薄圆。巧克力凝固后难以延展，所以挤5~6个，敲击、延展，再重复同样的动作。室温静置凝固。

裹上翻糖

9 将翻糖放入锅内，开火加热，用木铲搅拌，加热到40℃~50℃。如果不混入空气，会变成糖浆，所以要边搅拌边加热。关火，倒入20g利口酒。

10 用木铲舀起，呈缎带状滴落就可以了。视温度和硬度来酌情加减利口酒的用量。

11 将樱桃的4/5裹上翻糖，放上巧克力底座上。不要让翻糖粘到樱桃梗上，梗周边稍微留下空间。如果操作过程中翻糖冷却变硬，请再开火加热，搅拌到柔软。

12 樱桃裹上翻糖，室温防止干燥。白色部分凝固就可以了。

浸蘸

13 将裹上翻糖的樱桃浸入巧克力中。这里要让巧克力一直裹到樱桃梗部分。

14 提起使多余的巧克力滴落。

15 摆在铺有硅油纸的方盘上，让巧克力凝固。巧克力凝固后，用锡纸包裹保存，1周后可以食用。

Bonbons au chocolat
Manon

奶油夹心巧克力

黑色巧克力的内馅是奶油夹心，白色巧克力的内馅是奶油夹心和朗姆酒渍葡萄干。不易长久保存，最好 2 天内食用完毕。

材料（黑、白各 20 个）

奶油夹心
- 淡奶油（乳脂含量 38%）　200g
- 香草豆荚　1/4 根
- 翻糖 *　100g
- 无盐黄油　100g
樱桃利口酒　10g
朗姆酒渍葡萄干　40 个
调温巧克力（黑巧克力、白巧克力）　各适量
　已调温完毕（参考 P22~P25）

*翻糖是将糖液搅拌，
砂糖结晶制成。

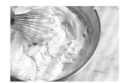

做好的奶油夹心，质地柔软，放入裱花袋中挤成内馅。

➔ 顺序 ➔
调温（参考 P22~P25）
　↓
1 制作奶油夹心
　↓
2 制作底座
　↓
3 挤出奶油夹心
　↓
4 浸蘸

制作奶油夹心

1 锅内倒入淡奶油，将香草豆荚剖开，取出香草籽，连豆荚一起放入锅中。

2 加入翻糖，中火加热，用打蛋器搅拌到沸腾。

3 开始沸腾后关火，用筛网过滤到大碗内。

4 静置，冷却到 30℃ 左右。急用时，可以在碗底放入冰水加速冷却。

5 另取一碗放入室温软化的黄油，用打蛋器搅拌到类似蛋黄酱的形状。

6 把 **4** 一点点加入 **5**，搅拌均匀。

制作底座

7 方盘铺上硅油纸。用硅油纸制作圆锥型裱花袋（参考P157），装入调温后的黑巧克力，将裱花袋剪出小口，挤出直径约1cm的圆形。

8 挤出5~6个后，轻敲方盘底部，让巧克力延展成直径2cm的薄圆。巧克力凝固后难以延展，所以以挤5~6个，敲击、延展，再重复同样的动作。做好20个，室温放置凝固。

9 再制作一个圆锥型裱花袋，装入调温后的白巧克力，和步骤7~8一样，制作20个白巧克力底座。

挤出奶油夹心

10 裱花袋装上星型花嘴，放入一半的奶油夹心，挤到黑巧克力底座上，大约3cm高（用于奶油夹心黑巧克力）。

11 剩下的奶油夹心倒入利口酒搅拌。

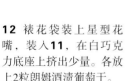

12 裱花袋装上星型花嘴，装入**11**，在白巧克力底座上挤出少量。各放上2粒朗姆酒渍葡萄干。

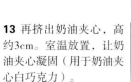

13 再挤出奶油夹心，高约3cm。室温放置，让奶油夹心凝固（用于奶油夹心白巧克力）。

浸蘸

14 制作奶油夹心黑巧克力。将有黑巧克力底座的奶油夹心一个个放入调温后的黑巧克力中。

15 用叉子按压浸入巧克力中，全部浸满巧克力，提起，轻轻吹落多余的巧克力。

16 放在硅油纸上。

17 制作奶油夹心白巧克力。同样，将有白巧克力底座的奶油夹心一个个放入调温后的白巧克力中。

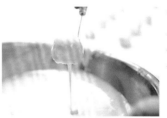

18 用叉子按压浸入巧克力中，全部浸满巧克力，提起，轻轻吹落多余的巧克力，放在硅油纸上。做好后室温放置或冷藏，让巧克力冷却凝固。

Moules à chocolat

造型巧克力

　　将软化的巧克力倒入模具中，做出各种花样，就是造型巧克力。在欧洲大约有200年的历史，成品从2cm~3cm的迷你巧克力到超过1m的大型巧克力，花样繁多。在圣诞节或复活节等节日时必不可少，造型也丰富多彩。每次去欧洲我都会寻找新的造型，在跳蚤市场也经常能买到古董模具。

　　制作造型巧克力时，为了让表面光感丝滑，最重要的是使用正确调温的巧克力。使用没有正确调温的巧克力，巧克力很难从模具中脱模，表面会有斑点，出现白霜现象。在倒入模具前，一定要检查一下是否正确调温。另外，巧克力量少时难以调温，最少也要软化2kg巧克力。

　　造型巧克力需多次倒入模具后凝固的步骤，非常花费时间。为了不让温度下降，需将调温后的巧克力用保温器或者隔水加热，保持合适的状态。制作造型巧克力不仅可以尝试不同造型，还可以将黑巧克力、牛奶巧克力、白巧克力组合形成大理石花纹，或者叠加晕染，部分使用不同的颜色，会变化出更多有意思的巧克力来。

造型巧克力

【制作造型巧克力的4个要点】

1 准备模具

以前黄铜材质的模具比较常见，后来流行合成树脂，现在主要是PC树脂。最近柔软轻薄的聚乙烯材质也越来越多。

黄铜、不锈钢　　　　PC 树脂　　　　聚乙烯

2 用刷子涂抹

用刷子涂抹巧克力时，可能会混入空气。混入空气，表面会变得坑坑洼洼，所以要用刷子从上往下按压涂抹，不能留有空气。涂抹完毕后，迎着光检查一下模具表面，看是否混入空气。

3 修整后凝固

将巧克力倒入模具后，刮掉溢出的巧克力，让巧克力变得干净。如果模具周边残留巧克力，巧克力难以收缩，很难从模具中脱模。使用刀时，用刀背在内侧斜着慢慢刮下。

4 脱模

将巧克力倒入模具后，放入冰箱冷藏30分钟，让巧克力凝固收缩。PC树脂和聚乙烯制作的模具表面透明，巧克力凝固收缩后可以明显看出。巧克力可以脱模后，在不锈钢板或薄盘上翻转过来，轻敲模具脱模。

→ 2 块组合造型 ←

将巧克力各自倒入2个模具中，重合模具凝固而成。2块造型组合，就变立体了。完全实心，都由调温巧克力制成。

飞机

单色巧克力制作，非常简单。用刷子涂抹模具细微的地方，再倒入大量巧克力制作而成。

材料

调温巧克力　适量

　黑巧克力，已调温完毕

　（参考 P22~P25）

→ 顺序 ←

调　温

↓

1　倒入

↓

2　凝固

倒入

1 模具用吹风机加热。用刷子将模具涂上一层黑巧克力。注意从上往下按压涂抹，不要混入空气。

2 使用汤勺，舀入足量的黑巧克力。

3 用刮板刮去残留在上面的巧克力。

4 侧面残留的巧克力也要刮掉。将模具在平坦略低的地方轻敲几次，排出空气。

凝固

5 再取一个模具制作相同的巧克力。2块巧克力重合叠加，放入冰箱冷藏30分钟凝固。

6 等巧克力可以脱模后，慢慢脱模。

熊

和左边的巧克力飞机做法相同，使用调温牛奶巧克力制作。

材料（方便制作的量）

调温巧克力 适量

牛奶巧克力，已调温完毕（参考 P22~P25）

倒入

1 模具用吹风机加热。用刷子将模具涂上一层黑巧克力。注意从上往下按压涂抹，不要混入空气。

2 使用汤勺，舀入足量的巧克力。

3 用木铲一个个按压巧克力，让巧克力延展到每个角落。

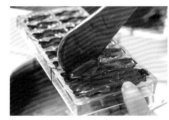

4 用刮板刮去残留在上面的巧克力。侧面残留的巧克力也要刮掉。将模具在平坦略低的地方轻敲几次，排出空气。

凝固

5 再取一个模具制作相同的巧克力。2块巧克力重合叠加，放入冰箱冷藏30分钟凝固。等巧克力可以脱模后，慢慢脱模。

➔ 平面造型 ←

只需倒入调温巧克力就能成型。利用黑巧克力和牛奶巧克力、白巧克力和牛奶巧克力等搭配的不同颜色，让造型浮现出来。

自由女神

底座是黑巧克力，自由女神是白巧克力，这样女神像就浮现出来了。

材料

调温巧克力　适量
　白巧克力，已调温完毕
调温巧克力　适量
　黑巧克力，已调温完毕
　（参考 P22~P25）

➔ 顺序 ←
调 温
↓
1 倒入
↓
2 脱模

倒入

1 模具用吹风机加热。用硅油纸制作圆锥型裱花袋（参考P157），装入白巧克力，剪出小口挤入白巧克力，不要留下空隙，静置约5分钟凝固。

2 白巧克力凝固后，倒入足够的黑巧克力。

3 轻敲模具，让巧克力平整。放入冰箱冷藏约30分钟。

脱模

4 巧克力可以脱模后，用不锈钢板或者薄盘盖在模具上，翻转模具，轻敲几下脱模。

12 星座

只用一种模具，做出只用牛奶巧克力，或者牛奶巧克力和白巧克力搭配而成的巧克力。

材料

调温巧克力　适量
　白巧克力，已调温完毕
调温巧克力　适量
　牛奶巧克力，已调温完毕
调温巧克力　适量
　黑巧克力，已调温完毕（参考 P22~P25）

倒入

1 模具用吹风机加热。12星座中的6个星座先用刷子涂上一层薄薄的白巧克力，用手指抹到模具的纹路里。

2 剩余的星座用刷子涂上一层薄薄的牛奶巧克力，和白巧克力一样用手指抹匀。

3 用汤勺倒入黑巧克力，倒满为止。

4 用刮板将多余的调温巧克力刮掉，侧面留有的巧克力也要刮干净。

脱模

5 双手拿着模具，在平坦略低的地方轻敲几次，排出空气，放入冰箱冷藏约30分钟。

6 巧克力可以脱模后，用不锈钢板或者薄盘盖在模具上，翻转模具。

7 提起模具，脱模。

猫

将黑巧克力薄薄涂在模具上，流淌在白巧克力猫身上，造出猫的形象。

材料

调温巧克力　适量
　白巧克力，已调温完毕
调温巧克力　适量
　黑巧克力，已调温完毕
（参考 P22~P25）

→ 顺序 ←
调　温
↓
1　制作轮廓
↓
2　倒入
↓
3　脱模

制作轮廓

1 模具用吹风机加热。用硅油纸制作圆锥型裱花袋（参考P157），倒入黑巧克力，将裱花袋剪出小口。挤出猫眼部分。

2 用手指蘸上黑巧克力，薄薄涂在模具的纹路上。

倒入

3 模具中倒入足够的白巧克力（第1次），摇动模具，让巧克力均匀布满模具。

4 翻转模具，滴落多余的巧克力，将模具周边的巧克力擦干净。

5 将模具开口朝下，放在烤架上，等待凝固。

6 模具中倒入足够的白巧克力（第2次），让巧克力均匀布满模具。

7 翻转模具，滴落多余的巧克力，将模具周边的巧克力擦干净。将模具开口朝下，放在烤架上，等待凝固。

8 大概凝固后，用刀背将模具周边溢出的巧克力刮干净。

脱模

9 放入冰箱冷藏约30分钟。等巧克力可以脱模后，将不锈钢板或者薄盘盖在模具上，倒扣脱模。

Moules à chocolat
→ 组合造型 ←

将2块巧克力组合在一起做出造型。
和2块组合造型不同，中间是空的。
大多雕刻细致，外观写实。也有从模
具底部倒入巧克力做出造型的。

电视

从模具底部倒入巧克力
做出造型。至于细微的
部分，需要借助圆锥型
裱花袋挤入巧克力。

材料

调温巧克力　适量
　牛奶巧克力，已调温完毕
调温巧克力　适量
　黑巧克力，已调温完毕
（参考 P22~P25）

→ 顺序 ←
调　温
↓
1　制作轮廓
↓
2　倒入
↓
3　凝固

制作轮廓

1 模具用吹风机加热。
用硅油纸制作圆锥型裱
花袋（参考P157），装
入牛奶巧克力，挤出前
面的荧幕和按钮。放入
冰箱冷藏约5分钟。

2 模具里面用刷子涂满
黑巧克力，放入冰箱冷
藏约5分钟。

3 将前面的模具用刷子
涂满黑巧克力。

倒入

4 前后模具组合，用附
带的夹子固定。

5 用汤勺从底部灌入足
量的黑巧克力。

6 在巧克力碗上将模具
翻过来，用手轻敲几
下，滴落多余的巧克
力。

7 方盘架上烤架，模
具底部朝下放置约5分
钟。为了增加厚度，再
重复1次步骤5~7。

凝固

8 使用刀背，削掉底部
边缘的巧克力。建议刀
朝向模具内侧，斜着刮
下。不将边缘修整干
净，巧克力难以收缩，
也很难脱模。

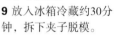

9 放入冰箱冷藏约30分
钟，拆下夹子脱模。

马

用刷子将模具涂满巧克力，合好模
具。从模具底部倒入巧克力，为了
凸显厚重感，需要重复2次。

材料

调温巧克力　适量
　黑巧克力，已调温完毕（参考 P22~P25）

涂抹

1 模具用吹风机加热。
模具内侧用刷子涂满巧
克力，放入冰箱冷藏约
5分钟。从上往下按压
涂抹，不要混入空气。

倒入

2 合好模具，用夹子固定。

3 用汤勺从模具底部，灌入足够的黑巧克力。

4 在巧克力碗上将模具翻过来，轻敲几下，滴落多余的巧克力。方盘架上烤架，模具底部朝下静置约5分钟。为了做出足够的厚度，再重复一次步骤3~4。

凝固

5 使用刀背，削掉底部边缘的巧克力。建议刀朝向模具内侧，斜着刮下。不将边缘修整干净，巧克力难以收缩，也很难脱模。

6 放入冰箱冷藏约30分钟，拆下夹子脱模。

鲤鱼

虽然也是2块组合造型，但底部没有开口，所以用刷子涂抹足够的巧克力，合好模具凝固。

材料

调温巧克力　适量
　白巧克力，已调温完毕
调温巧克力　适量
　牛奶巧克力，已调温完毕
调温巧克力　适量
　黑巧克力，已调温完毕（参考 P22~P25）

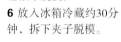

➜ 顺序 ←
调温
↓
1 制作轮廓
↓
2 凝固

制作轮廓

1 模具用吹风机加热。用硅油纸制作2个圆锥型裱花袋（参考 P157），1个装入黑巧克力挤出鱼眼。放入冰箱冷藏约5分钟。

2 另取1个裱花袋装上白巧克力，在鱼眼周围挤出圆圈，放入冰箱冷藏约5分钟。

3 在背鳍和尾部，用刷子涂抹黑巧克力。

4 用手指蘸上黑巧克力，涂抹鱼鳞和胸鳍，细纹也要涂抹均匀。

5 用刷子刷上牛奶巧克力，将整个模具刷满。因为底部没有开口，所以要涂得厚一点。放入冰箱冷藏约5分钟。

凝固

6 用刀背将溢出边缘的巧克力刮掉，让模具能完美贴合。

7 放入冰箱冷藏约30分钟，拆下夹子脱模。

Moules à chocolat

→ 组合造型（大型）←

公鸡

成品是高约80cm的大型巧克力。巧妙利用3种颜色的巧克力，做出栩栩如生的成品。倒入模具的黑巧克力要有约5kg，才方便操作。

材料

调温巧克力　适量

　白巧克力，已调温完毕

调温巧克力　适量

　牛奶巧克力，已调温完毕

调温巧克力　适量

　黑巧克力，已调温完毕（参考 P22~P25）

→ 顺序 ←

调温

↓

1 制作轮廓

↓

2 倒入

↓

3 凝固

制作轮廓

1 模具用吹风机加热。用硅油纸制作2个圆锥型裱花袋（参考P157），1个装入黑巧克力挤出鸡的眼睛。静置一会儿使其凝固。

2 另取1个圆锥型裱花袋，装入白巧克力，在眼睛周围挤出圆圈，静置一会儿使其凝固。

3 用刷子将白巧克力涂抹在鸡冠和鸡嘴上。从上往下按压涂抹，以免混入空气。

4 同样涂抹上鸡尾。

5 除了鸡的脸部，鸡身都用白巧克力略微涂抹。

6 用手指抹薄鸡身部分，细纹也要涂抹到。

7 改用牛奶巧克力，除了鸡头往下，从鸡身涂抹到鸡尾。

11 底部开口朝上，用汤勺灌入足量的巧克力。

12 在黑巧克力碗上将开口朝下，滴落模具里面多余的巧克力。

8 改用黑巧克力，从鸡冠开始全部涂抹。

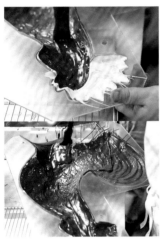

13 将模具横放，底部再涂一层黑巧克力增加厚度，静置一会儿。制作大型巧克力时，要将底部稍微加厚，这样能撑住整个巧克力的重量，保持稳定。

凝固

14 调温巧克力凝固后，用刮板将底部多余的巧克力刮掉。

9 静置约5分钟凝固，用刮板刮掉边缘溢出的巧克力。

倒入

10 将2片模具合好，用附带的夹子固定。

15 将模具立起，放入冰箱冷藏约30分钟，脱模。

Moules à chocolat

→ 做好后组合造型 ←

将做好的巧克力再组合，做成立体巧克力。3种颜色搭配，做出大理石花纹。

球

将2个半球组合做成球体。使用3色巧克力做出大理石纹轮廓。如果涂抹过度，就做不出大理石花纹，要边观察边制作。

材料

调温巧克力　适量
　白巧克力，已调温完毕
调温巧克力　适量
　牛奶巧克力，已调温完毕
调温巧克力　适量
　黑巧克力，已调温完毕
（参考 P22~P25）

→ 顺序 ←
调 温
↓
1 制作轮廓
↓
2 倒入
↓
3 组合

制作轮廓

1 模具用吹风机加热。用刷子将白巧克力随意涂抹在模具中。

2 在白巧克力上面继续随意涂抹牛奶巧克力和黑巧克力。

3 模具开口朝下，边观察边用手指画圈移动，做出大理石纹路。静置约5分钟，用刮板将上面和侧面多余的巧克力刮掉。

倒入

4 用汤勺灌入足量的黑巧克力后，用汤勺底部按压，让巧克力和模具更贴合。

5 等全部倒入后，将模具慢慢翻过来，扣在黑巧克力碗上，滴落多余的巧克力。快速翻转的话，厚度会不均匀，所以要稍微倾斜，慢慢翻转。

6 开口朝下，用刮板将粘在上面的巧克力刮掉。

7 方盘架上烤架，模具开口朝下静置约5分钟。为了增加厚度，重复4~7的步骤，静置约5分钟。用刮板将边缘刮干净，放入冰箱冷藏约30分钟。

组合

8 巧克力可以脱模后，在模具上面盖上方盘。倒扣脱模。方盘底部用喷枪加热。

9 放上做好的半球加热，让边缘的巧克力略微软化。

10 快速将2个半球合在一起，剩下的也同样操作。没有喷枪时，将2个半球放在方盘上，方盘用明火略微加热升温，将巧克力边缘软化。软化后要立刻组合成圆球，所以要一组一组地做。

足球

为了做出漂亮的五角形，要先画出线条来，再涂抹中间。每涂好一个五角形，等凝固后再继续。

材料

调温巧克力　适量
　　白巧克力，已调温完毕
调温巧克力　适量
　　牛奶巧克力，已调温完毕
调温巧克力　适量
　　黑巧克力，已调温完毕（参考 P22~P25）

制作轮廓

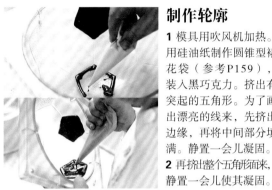

1 模具用吹风机加热。用硅油纸制作圆锥型裱花袋（参考P159），装入黑巧克力。挤出有突起的五角形。为了画出漂亮的线来，先挤出边缘，再将中间部分填满。静置一会儿凝固。

2 再挤出整个五角形面来，静置一会儿使其凝固。

倒入

3 模具中倒入足量的白巧克力，旋转模具，让巧克力均匀布满模具。将模具倒扣在白巧克力碗上，滴落多余的巧克力。

4 方盘架上烤架，将模具立起来静置约5分钟。

5 用刀背将边缘溢出的巧克力削掉。为了增加厚度，重复1次步骤3~5，静置约5分钟。用刀背将边缘削干净，放入冰箱冷藏约30分钟。

组合

6 巧克力可以脱模后，在模具上面盖上方盘等，倒扣脱模。之后参考P56的巧克力球组合。

鸡蛋

用黑巧克力涂抹轮廓，里面装入牛奶巧克力。做法和巧克力球相同。

材料

调温巧克力　适量
　　黑巧克力，已调温完毕
调温巧克力　适量
　　牛奶巧克力，已调温完毕（参考 P22~P25）

制作轮廓

1 模具用吹风机加热。用刷子涂抹黑巧克力，随意涂抹在模具上。静置一会儿使其凝固。

倒入

2 用汤勺倒入足量的牛奶巧克力，用汤勺底部从上往下按压，让巧克力和模具更贴合。

3 倒入所有巧克力后，将模具在牛奶巧克力碗上慢慢翻过来，滴落多余的巧克力。快速翻转时，厚度会不均匀，所以要稍微倾斜慢慢翻转。

4 开口继续朝下，用刮板刮掉粘在上面的多余的巧克力。方盘架上烤架，开口朝下，静置约5分钟。

5 为了增加厚度，重复1次步骤2~4，静置约5分钟。用刮板将边缘刮干净，放入冰箱冷藏约30分钟。

组合

6 巧克力可以脱模后，将方盘盖在模具上，倒扣脱模。之后参考P56的巧克力球组合巧克力。

Bonbons au chocolat moulés

Caramel salé Vanille
Figue
Gianduja

夹心造型巧克力
焦糖香草夹心/无花果夹心/榛子夹心

将调温后的巧克力倒入模具中成型，能做出丰富多样的造型；再填充美味的夹心，就做成夹心造型巧克力了。

制作夹心造型巧克力，最重要的是使用正确调温的巧克力，还要将巧克力摊薄，均匀地倒入模具中。外侧的巧克力过厚，入口的口感就不好了。入口即化，内馅的香味蔓延开来，这才是理想的夹心巧克力。

这里介绍3种内馅，一是略带咸味的焦糖，二是放入无花果的甘纳许，再就是果仁香味浓郁的榛子夹心。用黑巧克力、牛奶巧克力和白巧克力相互组合，才能做出正统的夹心巧克力。

在制作过程中，可以享受变化的内馅的美味，也可以用单纯的甘纳许当作内馅。将巧克力做出独特造型，也非常有趣。

焦糖香草夹心

使用一口大小的模具。在倒入巧克力前，先用吹风机将模具加热。内馅是略带咸味的焦糖。用转印纸制作花纹，做出黑白双色心形。

材料（100 个）

【内馅】

细砂糖　240g
水饴　175g、水　45g
蜂蜜*　45g
淡奶油　410g
香草豆荚　1/2 根
粗盐　5g
无盐黄油　95g

调温巧克力（白巧克力、黑巧克力）　各适量
　已调温完毕（参考 P22~P25）
转印纸　7 张

*这次使用的是百花蜂蜜，也可以用栗子或松枝等香味独特的蜂蜜。

夹心巧克力使用的模具。为了填满内馅，建议选择口径较深、一口大小的模具。

→ 顺序 ←

调温（参考 P22~P25）
↓
1 准备模具
↓
2 制作内馅
↓
3 倒入模具
↓
4 装饰

准备模具

1 模具覆上转印纸。

制作内馅

2 锅内倒入细砂糖、水饴、水，开火加热。沸腾后撇去浮沫。

3 2加入蜂蜜，中火加热。

4 另取一锅，倒入淡奶油，用刀背刮出香草豆荚中的香草籽，连豆荚一起放入锅中。

5 将**3**煮成焦糖后关火，一点点放入**4**的淡奶油，用打蛋器搅拌。

6 将**5**再次开火加热，沸腾后用打蛋器搅拌到顺滑。继续加热，加热到110℃后放盐，加热到115℃关火。

7 放入黄油，用打蛋器用力搅拌，软化黄油。

8 内馅完成。

9 取少量**8**的内馅抹在大理石台上，常温冷却后放入口中，确认一下顺滑度。

10 将豆荚取出，倒入方盘（34cm×24cm）中，常温冷却凝固。

倒入模具

11 用油纸制作圆锥型裱花袋（参考P157），装入白巧克力，少量挤入模具中。

12 用汤勺舀取黑巧克力，倒入**11**的模具中，倒满。

13 用刮板将多余的巧克力刮掉。

14 将模具慢慢翻过来，轻敲几下，滴落模具中多余的巧克力。

15 将模具翻过来，用刮板将模具上面、侧面粘有的巧克力刮干净，轻敲模具让巧克力厚度均匀。开口朝下放在硅油纸上，静置约5分钟。

16 等待巧克力凝固。

装饰

17 裱花袋装上直径1cm的裱花嘴，装入内馅，挤入模具中，挤到9分满。轻敲模具排出空气，放入冰箱冷藏约5分钟，使其表面凝固。

18 表面用吹风机稍微加热，让边缘的巧克力软化。模具上面倒入黑巧克力。

19 用刮板将整体刮平。让表面平整，刮掉上面和侧面粘有的巧克力，放入冰箱冷藏30分钟冷却凝固。

20 等巧克力可以脱模后，轻轻脱模。

无花果夹心

内馅是甘纳许，混入切碎的无花果。用黑巧克力和牛奶巧克力打造出由浓及淡的花纹。

材料（100 个）

【内馅】

半干无花果 *　100g

牛奶巧克力　215g

黑巧克力（可可脂含量60%）　60g

淡奶油　180g

水饴　15g

可可脂　5g

无盐黄油　5g

橙子利口酒　15g

调温巧克力（黑巧克力、牛奶巧克力）　各适量
　　已调温完毕（参考 P22~P25）

*干无花果要选择还留有水分、
质地柔软的无花果。

➔ 顺序 ⬅

调温（参考 P22~P25）

↓

1 制作内馅

↓

2 倒入模具

↓

3 装饰

制作内馅

1 干无花果切碎。

2 将黑巧克力和牛奶巧克力切碎，倒入碗内。

3 锅内放入淡奶油、水饴和可可脂，开火加热。

4 沸腾后，全部倒入2的巧克力碗中。用橡皮刮刀轻轻搅拌均匀，静置1~2分钟。

5 改用打蛋器，从中间开始前后搅拌使其乳化，将整体搅拌至乳化。

6 依次加入黄油、利口酒和无花果碎搅拌均匀。

倒入模具

7 模具用吹风机加热，用汤勺将黑巧克力慢慢倒入模具中。翻转模具，轻敲几下，让模具中的巧克力滴落。

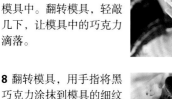

8 翻转模具，用手指将黑巧克力涂抹到模具的细纹中。用手指涂抹，让巧克力延缓结晶，更富有光泽。

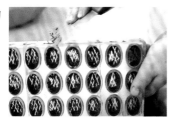

9 用刮板将上面和侧面的巧克力刮干净。

10 用汤勺将牛奶巧克力倒满模具。

11 慢慢翻转模具，轻敲几下，让模具中多余的巧克力滴落。

12 用刮板将模具上面和侧面粘有的巧克力刮干净。翻转模具，在平坦略低的位置轻敲几次，使巧克力厚度均匀。同样，用刮板将模具上面和侧面粘有的巧克力刮干净。开口朝下放在油纸上，静置约5分钟。

13 等待巧克力凝固。

装饰

14 裱花袋装上直径1cm的裱花嘴，装入内馅，挤到模具中，挤到9分满。

15 用刮板将表面抹平，轻敲模具，排出空气，放入冰箱冷藏约5分钟，使其表面凝固。

16 在模具一侧倒入牛奶巧克力，用刮板将整体刮薄。

17 将表面刮平，上面和侧面粘有的巧克力刮干净，放入冰箱冷藏30分钟冷却凝固。等巧克力可以脱模后，轻轻脱模。

榛子夹心

内馅有着浓郁的果仁香味，造型是可爱的熊。

材料（60个）

【内馅】

┌ 榛子酱 *1　113g

│ 调温巧克力　63g

│　黑巧克力，可可脂含量70%，已调温完毕

│　（参考 P22~P25）

│ 焦糖果仁酱

│　（杏仁、榛子仁）*2　各100g

└ 无盐黄油　25g

调温巧克力　适量

　黑巧克力、已调温完毕（参考 P22~P25）

*1 砂糖和果仁（杏仁或榛子仁）混合，烘烤磨碎，混入巧克力或可可脂制成。（参考P19）

*2 焦糖果仁酱是将烘烤后的果仁（杏仁或榛子仁）裹上焦糖，冷却凝固后切碎，再用擀面棒磨成酱。图片左边是杏仁，右边是榛子仁。

➜ 顺序 ➜

调温（参考 P22~P25）

↓

1 制作内馅

↓

2 倒入模具

↓

3 装饰

制作内馅

1 榛子仁切碎，放入碗内，隔水加热。软化一半后，从热水中拿开，边搅拌边软化。注意不要让温度升到30℃。

2 另取一碗，放入调温后的巧克力，再放入**1**。

3 用橡皮刮刀搅拌到顺滑。

4 再取一碗，放入2种焦糖果仁酱，再放入**3**，搅拌到顺滑。

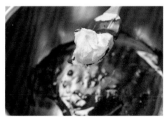

5 加入打发到蓬松的黄油，用橡皮刮刀搅拌均匀。

6 改用打蛋器，继续搅拌均匀。

倒入模具

7 模具用吹风机加热，用刷子将黑巧克力在模具中薄薄刷上一层，角落也要刷到。

8 用刮板将上面的巧克力刮干净。

9 改用汤勺，将黑巧克力倒满模具，轻敲几下，让巧克力混合均匀。

10 慢慢翻转模具，轻敲几下，让模具中的巧克力滴落。

11 翻转模具，用刮板将上面和侧面粘有的巧克力刮干净，轻敲模具使其厚度均匀。

12 开口朝下放在硅油纸上，静置约5分钟。

13 等待巧克力凝固。

装饰

14 裱花袋装上直径6mm的裱花嘴，装入内馅，挤入模具中，挤到9分满。轻敲模具，排出空气，放入冰箱冷藏约5分钟，使其表面凝固。

15 表面用吹风机略微加热，让边缘的巧克力软化。将黑巧克力倒满模具。

16 用刮板将巧克力抹薄，让表面平整，刮掉模具上面和侧面粘有的巧克力。

17 放入冰箱冷藏30分钟使其凝固。等巧克力可以脱模后，轻轻脱模。

Diversités au Chocolat

巧克力的变奏曲

Macaron

Macaron au chocolat
amer

Macaron au chocolat
basilic

Macaron au chocolat
caramel beurre salé

马卡龙

苦甜巧克力夹心/罗勒夹心/焦糖黄油夹心

马卡龙是一种历史悠久的糕点，起源于意大利，在法国发扬光大，由质地坚硬的打发蛋白霜，和果仁粉、砂糖混合制作而成。果仁大多使用杏仁，但也有使用榛子和花生的。砂糖使用容易软化、不含玉米淀粉的糖粉。

理想的马卡龙表面酥脆，里面糯软。制作关键在于蛋白霜和粉类的搅拌方法、以及烘烤方法。蛋白霜混入粉类，首先粗略搅拌，让蛋白霜和粉类混合。混合均匀后，感觉要把蛋白霜的气泡压破一样继续搅拌。搅拌到出现光泽，舀起后呈缎带状落下就可以了。这是非常困难的操作。如果不能连贯落下，可以放入少量蛋白来调整黏稠度。

挤出面糊后，表面干燥结膜。如果表面不够干燥，会出现裂纹，所以冬季要干燥30分钟~1个小时，夏季要干燥2个小时再烘烤。开始烘烤时只需用上火。放入烤箱的马卡龙底部受热，可能会出现裂纹。遮挡底部的热源，只用上火烘烤，就会结膜，马卡龙周边也会出现裙边。不关闭下火，也可以在下面叠加2块烤盘再烘烤。形成裙边后再开下火烘烤。

马卡龙成品表面平整，呈半圆形，中间没有空洞。最后用甘纳许作为夹心。使用不同的甘纳许会做出不同的味道，尽享马卡龙的多样美味吧！

Macaron au chocolat
amer

苦甜
巧克力夹心

用调温巧克力和可可液块制作，用厚重苦涩的甘纳许作为夹心。可可液块由可可豆制作而成，是制作巧克力的基础。

材料（约20个）

【马卡龙面糊】

a ⎡ 杏仁粉　156g
　 ⎢ 无糖可可粉　25g
　 ⎣ 糖粉　255g

蛋白　165g

糖粉　75g

调整用蛋白　1~2 小匙

【甘纳许】

调温巧克力（黑巧克力，可可脂含量70%）　250g

可可液块*1　20g

淡奶油（乳脂含量38%）　100g

转化糖浆*2　10g

无盐黄油　25g

*1　将可可碎磨碎制成，也叫苦巧克力。（参考P18）

*2　将蔗糖分解成葡萄糖和果糖，味道厚重香甜，容易上色。

➔ 顺序 ➔

1 制作面糊
　↓
2 烘烤
　↓
3 制作甘纳许
　↓
4 完成

制作面糊

1 将a的杏仁粉、可可粉和糖粉混合，过筛2次。过筛可以混入空气，去除杂质。

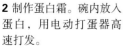

2 制作蛋白霜。碗内放入蛋白，用电动打蛋器高速打发。

3 粗略打发后，放入1/10的糖粉继续打发。

4 将剩下的糖粉分3~4次放入，一直打发到蛋白霜有像鸟嘴一样的小角立起。

5 将1过筛的粉类一次全部放入4。

6 用橡皮刮刀切拌，粗略搅拌。

7 粉类混合均匀后，像是要把气泡拌掉一样用力搅拌。

8 将面糊搅拌出光泽。

9 舀起面糊，能够流淌落下就可以了（图片左侧）。如果啪嗒啪嗒落下（图片右侧），混入少量蛋白调整黏稠度。

10 裱花袋装上直径1cm的圆形裱花嘴，装入面糊。

17 用橡皮刮刀轻轻搅拌，软化巧克力。

烘烤

11 烤盘铺上油纸，有间隔地挤上40个直径4.5cm的圆形。挤完后延展到直径约5cm。

18 改用打蛋器，用力搅拌。这里无需打发，只需搅拌淡奶油和巧克力使其乳化，让口感更顺滑。

12 轻敲烤盘使巧克力平整。室温放置30分钟~1个小时，让表面干燥。

19 搅拌出现光泽后，放入黄油。

13 放入180℃的烤箱，上火烘烤7~8分钟。烤出裙边后再用下火烘烤4~5分钟。合计烘烤12~15分钟。从烤箱取出后晾凉，撕下油纸，放在蛋糕架上冷却。

20 继续搅拌到出现光泽。

制作甘纳许

14 调温巧克力和可可液块切碎，放入碗内混合。

完成

21 裱花袋装上直径5mm的圆型裱花嘴，装入甘纳许。把一半的马卡龙翻转，将甘纳许挤到中间。

15 锅内倒入淡奶油，放入转化糖浆，开火加热。

22 盖上剩下的马卡龙。

16 淡奶油煮沸后，倒入14中。

23 将上下两个马卡龙轻轻扭动，让甘纳许稳定。放入冰箱冷藏10分钟。

罗勒夹心

夹心是带有罗勒香气的甘纳许。融合了巧克力和罗勒的香气，入口仍有余香。

材料（约20个）

【马卡龙面糊】

a ┌ 杏仁粉　156g
　├ 无糖可可粉　25g
　└ 糖粉　255g

蛋白　165g

糖粉　75g

调整用蛋白　1~2 小匙

干罗勒　适量

【甘纳许】

调温巧克力（黑巧克力，可可脂含量70%）　315g

淡奶油（乳脂含量38%）　200g

转化糖浆　20g

香草豆荚　1/5 根

干罗勒　2g

无盐黄油　30g

制作面糊／烘烤

1 和苦甜巧克力夹心（参考P70~P71）做法一样，在挤出的面糊上撒上罗勒，烘烤。

制作甘纳许

2 调温巧克力切碎，放入碗内。锅内倒入淡奶油，放入转化糖浆。将香草豆荚剖开，将里面的香草籽放入淡奶油中，连豆荚、罗勒一起放入锅内，开火加热。

3 煮沸后关火，盖上锅盖，焖5分钟。

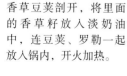

4 打开锅盖，再开火加热到沸腾。

5 煮沸后，用过滤器过滤到**2**的巧克力碗中。

6 用橡皮刮刀轻轻搅拌，软化巧克力。

7 改用打蛋器，用力搅拌。搅拌出现光泽后，放入黄油，继续搅拌。

8 甘纳许就做好了。

完成

9 裱花袋装上直径5mm的圆型裱花嘴，装入甘纳许。把一半的马卡龙翻转，将甘纳许挤到中间。

10 盖上剩下的马卡龙。将上下两个马卡龙轻轻扭动，让甘纳许稳定。放入冰箱冷藏10分钟。

Macaron au chocolat
caramel beurre salé

焦糖黄油夹心

苦涩的焦糖中，带有略咸的黄油味道。味
道浓烈，但入口非常细腻。

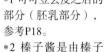

材料（约20个）

【马卡龙面糊】

```
┌ 杏仁粉   156g
a 无糖可可粉   25g
└ 糖粉   255g
```

蛋白   165g

糖粉   75g

调整用蛋白   1~2 小匙

可可碎[*1]   适量

【甘纳许】

细砂糖   125g

水饴   38g

淡奶油（乳脂含量38%）   250g

盐（法国盐之花）   2g

调温牛奶巧克力   40g

榛子酱[*2]   25g

焦糖榛子酱[*3]   25g

无盐黄油   75g

*1 可可豆去皮之后的
部分（胚乳部分），
参考P18。
*2 榛子酱是由榛子
仁磨成泥制成。
*3 焦糖榛子酱是将
焦糖和榛子仁混合，
磨成泥制成。

制作面糊 / 烘烤

1 和苦甜巧克力夹心（参
考P70~P71）做法一样，
在挤出的面糊上撒上可
可碎，烘烤。

制作甘纳许

2 锅内倒入水饴，开火加
热。煮到咕嘟咕嘟沸腾
后，加入1/3的细砂糖，
用木铲搅拌。

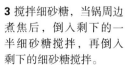

3 搅拌细砂糖，当锅周边
煮焦后，倒入剩下的一
半细砂糖搅拌，再倒入
剩下的细砂糖搅拌。

4 煮成焦糖后关火，另取
一锅，将一半淡奶油加
热到沸腾，然后倒入焦
糖锅。等泡沫变小后，
倒入剩下的淡奶油搅拌
均匀。

5 再开火加热，边煮到
沸腾边搅拌，让焦糖软
化。关火，放入盐搅
拌，倒入碗内。

6 碗底放入冰水，边搅拌
边冷却。

7 等温度下降到50℃，
放入切碎的巧克力，软
化。如果温度在50℃以
上，放入巧克力会立刻
凝固。

8 继续搅拌冷却，温度降
到35℃，放入榛子酱、
焦糖榛子酱混合。

9 最后放入室温软化的
黄油。改用打蛋器，用
力搅拌。搅拌到黄油软
化、出现光泽就可以
了。

完成

10 裱花袋装上直径5mm
的圆型裱花嘴，装入甘
纳许。把一半的马卡龙
翻转，将甘纳许挤到中
间。盖上剩下的马卡龙。
将上下两个马卡龙轻轻扭
动，让甘纳许稳定。放入
冰箱冷藏10分钟。

Gâteaux secs

Galette Bretonne au chocolat
Diamant au chocolat

饼干
布列塔尼酥饼/钻石巧克力饼干

圆形略厚的布列塔尼酥饼，是法国布列塔尼地区的传统糕点；四方形的钻石巧克力饼干，周围沾满了砂糖。

2种饼干虽然材料搭配不同，但要点是相同的。首先，黄油切成方便搅拌的大小，室温软化，将黄油打发到类似蛋黄酱的形状。用力打发黄油，混入大量空气，这样方便和蛋黄混合，让饼干口感更酥松。

把黄油砂糖和蛋黄搅拌后，放入粉类接着搅拌。用手搅拌更方便，也能感受到粉类和其他材料的混合程度。搅拌到看不到生粉，没有疙瘩就可以了。只要搅拌到粉类和黄油混合均匀即可，不要过度搅拌。之后整形时，不时将面团放入冰箱冷藏。只要面团变得松弛柔软，难以整形，就立刻放入冰箱冷藏。如果难以整形时撒上过多粉，会让成品非常坚硬。

这两种饼干操作非常简单，只要记住要点就不会失败。混入可可碎或者可可液块，让饼干香甜中带有一丝苦味，即可做出媲美专业糕点师的饼干。

布列塔尼酥饼

酥饼是指圆形平坦的糕点。这是法国布列塔
尼地区的代表性糕点，味道略咸，口感酥松。
制作时垂直切出造型，放入锡纸模中烘烤。

材料（26个）

无盐黄油　375g

可可液块*　10g

糖粉　225g

蛋黄　90g

低筋面粉　250g

无糖可可粉　50g

杏仁粉　75g

盐　3g

刷表面蛋液

┌ 鸡蛋　1个

└ 蛋黄　2个

撒粉用高筋面粉　适量

*将可可豆磨碎制成，也叫做
苦巧克力（参考P18）

传统的酥饼都只有3条花纹。将
叉子的1个齿稍微掰弯，使用只
有3个齿的叉子压出花纹。

➜ 顺序 ←

1 提前准备
　↓
2 制作面团
　↓
3 制作形状
　↓
4 烘烤

提前准备

1 黄油切小块放入碗内，
室温软化。或者放入微
波可用的碗内，用微波
炉稍稍加热。

2 糖粉过筛。低筋面粉、
可可粉、杏仁粉和盐混
合过筛。

3 可可液块切碎，微波炉
（600W）加热约20秒软
化。

制作面团

4 打发软化的黄油，打发
成类似蛋黄酱的形状。

5 将软化的可可液块全部
放入，用打蛋器搅拌均
匀，看不到巧克力纹路
为止。

6 将过筛的糖粉全部放
入，用打蛋器搅拌到顺
滑。

7 分3次放入蛋黄,每次都用打蛋器搅拌均匀。

8 将过筛的粉类全部放入,用手搅拌。

9 搅拌到没有生粉,面团就做好了。

10 方盘铺上保鲜膜,上面放上面团。面团上面也覆上保鲜膜,将面团平整。放入冰箱冷藏30分钟到1个小时。

制作形状

11 将面团从冰箱中取出,撒粉,用擀面棒敲打至柔软。

12 撒粉,用手不断揉搓面团,揉到柔软。

13 面团变顺滑后,用刮板归拢面团,揉成一团。

14 将高1cm的两根棒子压在油纸上,中间放上面团,用手按压成四边形。

15 面团上撒粉,再盖上一张油纸,用擀面棒擀至1cm厚。

16 烤盘铺上油纸,撒粉,用直径6cm的圆模压出造型,用手垂直快速压模后,取出压好的面团,放在烤盘上摆好。

17 剩下的面团揉匀后撒粉,再次揉到表面光滑。重复步骤14~15,同样用圆模压模。

18 蛋液和蛋黄搅拌均匀,用刷子刷在饼干面团上。放入冰箱冷藏约10分钟干燥,再刷一层蛋液。

19 用叉子压出3条较深的花纹。

烘烤

20 一个个放入直径6cm的锡纸模中,放入烤箱150℃烘烤30分钟。

钻石巧克力饼干

口感酥脆，放入可可碎，香味浓郁。四边裹上粗
砂糖，放入冰箱冷藏片刻再烘烤。

材料（约70块）

无盐黄油　210g

糖粉　120g

蛋黄　30g

低筋面粉　250g

无糖可可粉　50g

盐　2g

可可碎 *1　30g

小粒粗砂糖 *2　适量

撒粉用高筋面粉　适量

*1 可可豆去除外皮和胚芽，剩
下的就是可可碎（胚乳部分）。
烘烤之后，用于制作饼干等烘烤
糕点。（参考P18）
*2 比细砂糖结晶要大，精炼度
更高。

裁刀
可以等距离地同时切4列饼干，
没有时，可以用尺子量出4cm，
再用刀切割。

➜ 顺序 ⬅

1 提前准备
⬇
2 制作面团
⬇
3 制作形状
⬇
4 烘烤

提前准备

1 黄油切小块放入碗内，
室温软化。或者放入微
波可用的碗内，用微波
炉稍稍加热。

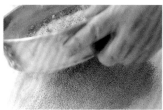

2 糖粉过筛。低筋面粉、
可可粉和盐混合过筛。

制作面团

3 打发软化的黄油，打发
成类似蛋黄酱的形状。
将过筛的糖粉全部放入，
用打蛋器搅拌到顺滑。

4 分3次放入蛋黄。

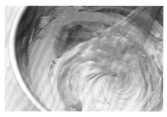

5 每次都用打蛋器搅拌均
匀。

6 将过筛的粉类全部放
入。

7 用手搅拌。

8 粗略搅拌后放入可可碎。

9 继续搅拌到没有生粉。

10 方盘铺上保鲜膜。用刮板将面团移到保鲜膜上。

11 面团上面也覆上保鲜膜，将面团整平。放入冰箱冷藏30分钟到1个小时。

制作形状

12 将面团从冰箱中取出，撒粉，用擀面棒敲打至柔软。

13 将面团对半折，撒粉，用擀面棒擀薄。

14 继续撒粉，用擀面棒擀到2mm~3mm厚。

15 方盘底部撒粉。用擀面棒将面团卷起，再将面团在方盘内伸开。放入冰箱冷藏约10分钟。

16 用裁刀将面团切成4cm的小块。也可以用刀切割。

烘烤

17 方盘倒入粗砂糖，拿起两块饼干面团，稍微按压，四边蘸上粗砂糖。

18 将饼干面团一块块摆在烤盘上，放入冰箱冷藏约10分钟，烤箱170℃烘烤15分钟。

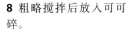

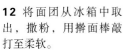

Madeleines au chocolat

巧克力玛德琳

玛德琳是法国的传统糕点，据说起源于18世纪中期法国洛雷纳地区的科梅尔西大街，但名字的由来众说纷纭。不过，直到现在，科梅尔西大街仍然因为玛德琳而著名。

玛德琳从有着浓郁黄油香味的类型，到加入橙皮等柑橘类提味的类型，种类繁多。我制作的，自然是巧克力玛德琳。

我想做的是孩子也会喜欢的、超级美味的玛德琳。虽然混有巧克力，但美味的关键在于可可粉。最好使用红褐色的上乘可可粉。但为了增加巧克力味道而放入过多可可粉，会导致面团的口感变差，所以可可粉和其他粉类的平衡非常重要。虽然只放入可可粉就可以做出巧克力味道，但再混入巧克力，能让口感更加绵润。

巧克力玛德琳的做法就是将粉类和砂糖混合，依次放入打好的蛋液、软化的黄油和巧克力搅拌均匀，非常简单。

搅拌时关键在于要快速操作，以免混入空气。面团做好后静置约30分钟，空气会从面团中排出。如果面团中还残留空气就直接烘烤，口感会很粗糙。静置时面团温度会降低，口感变得粗糙，所以要小火慢慢将面团温度保持在40℃~43℃，挤到模具中。

刚烤出来的玛德琳口感酥脆，放置时间越长，口感越绵润，巧克力香味也越浓。两种口感都很美味，建议都尝试一下。

Madeleines au chocolat

巧克力玛德琳

一半直接烘烤，一半撒上可可碎，可以根据喜好随意调整比例。挤入模具前，要注意面糊的温度和烘烤温度等。

材料（30 个）

低筋面粉　180g

无糖可可粉　30g

泡打粉　5g

细砂糖　200g

蛋黄　260g（约 14 个）

无盐黄油　180g

调温巧克力（黑巧克力，可可脂含量 70%）　35g

可可碎 *　15g

涂抹模具的无盐黄油　适量

*可可豆去除外皮和胚芽，剩下的就是可可碎（胚乳部分）。烘烤之后，用于制作饼干等烘烤糕点。（参考P18）

玛德琳模

传统的玛德琳模是贝壳型的。除了细长的贝壳模，还有较宽的贝壳模、圆贝壳模等。

➔ 顺序 ➔

1 制作面糊

↓

2 醒发

↓

3 准备模具

↓

4 倒入模具

↓

5 烘烤

↓

6 冷却

制作面糊

1 将低筋面粉、可可粉、泡打粉混合，轻轻搅拌后过筛。

2 1加入细砂糖，用打蛋器搅拌。

3 将蛋黄打散，加入混合的粉类，用打蛋器从中心开始向外侧慢慢搅拌。

4 粗略搅拌即可。还有生粉也不要紧。

5 黄油放入较厚的小锅，开火加热到完全融合。

6 5放入一半软化的黄油，用打蛋器快速搅拌到没有疙瘩，用力搅拌。

7 粗略搅拌后，加入剩下软化的黄油。

8 用力搅拌，尽量不要混入空气。继续搅拌到顺滑。

9 将巧克力切碎后放入碗内，隔水加热软化到顺滑。也可以用微波炉加热巧克力。

14 不时离火，加热面糊。

10 8放入软化的巧克力，搅拌均匀。

15 原本疙疙瘩瘩的面糊（面糊温度40℃~43℃）变得粘稠就可以了。

醒发

11 碗口覆上保鲜膜，室温醒发30分钟。让面糊排出空气，变得稳定。

16 裱花袋装上直径8mm~9mm的圆形裱花嘴，装入面糊。

准备模具

12 隔水或微波加热黄油，用刷子涂在模具上。室温放置，如果黄油不凝固，放入冰箱冷藏。

17 将面糊挤入准备好的模具，挤到7分满。稍微拿起模具，在操作台上轻敲2~3次，排出空气。

倒入模具

13 醒发好的面糊继续留在碗内，边小火加热边搅拌。

18 将可可碎撒在一半的面糊上。

烘烤

19 烤箱预热到200℃，放入模具后将温度调低到180℃，烘烤15分钟。

冷却

20 烘烤完成后立刻脱模。

21 烤架上铺上油纸，摆上玛德琳冷却。

22 冷却后，放入密封容器内保存。

专栏2
进一步了解巧克力

巧克力的制作过程

可可豆从产地输送到巧克力原料工厂，生产成巧克力。这里简单归纳一下制作巧克力的步骤。

①烘炒~分离　可可豆烘炒出香味和味道后，去除外皮和胚芽，将剩下的胚乳部分（可可碎）磨碎。

②搭配~磨碎　一般为了让巧克力味道更好，会混入几种不同的可可碎，但是最近也有很多只使用一种可可碎的巧克力。磨碎可可碎后，可可液块就做好了。

③混合~微粒化　可可液块放入砂糖、牛奶和可可脂混合，做成黑巧克力、牛奶巧克力等各种巧克力。经过烘烤之后再磨碎，做成更细腻的微粒子。

④精炼　长时间用巧克力机精炼，让巧克力的香味和味道散发出来。

⑤调温　继续调节温度，让巧克力内的可可脂稳定结晶。

⑥填充~冷却　将调温后的巧克力倒入模具中，稍微振动排出里面的气泡，冷却凝固，巧克力就做好了。

⑦脱模~包装　将做好的巧克力脱模包装。

⑧成熟　最后为了让巧克力品质稳定，要在一定温度下保存一定时间，使其成熟，最后出厂。

Cake chocolat à l'orange

香橙巧克力蛋糕

　　这款蛋糕含有大量的黄油和鸡蛋，口感绵润，又有巧克力、橙子的浓香，大家都会喜欢。

　　做法就是依次放入材料搅拌，非常简单。最关键的是做出粘稠、柔软、富有光泽的面糊。而且，一定要将面糊温度保持在32℃~33℃。放入温度较低的材料时，最好从搅拌机倒入碗内，开火加热。否则温度下降容易烤糊。

　　鸡蛋的含量要比黄油高，所以注意不要油水分离。建议鸡蛋从冰箱取出后，放置回温后再用。关键在于一点点加入，快速搅拌，才不会油水分离。就算分离，搅拌巧克力时也可以调整，但是最好不要分离。

　　面糊烘烤之后会膨胀得很大，所以倒入模具时只需6~7分满即可。根据这次使用模具的大小，倒入400g就可以了。如果面糊还有剩余，可以倒入蒸碗等耐热容器烘烤。模具放入烤箱中高温烘烤，中间打开烤箱门，排出里面的水分，调低温度烘烤到熟透。

　　用焦糖橙子装饰。将橙子切薄片，撒上糖粉，烘烤到酥脆。也可以用同样的方法烘烤苹果、草莓等，轻松制作出漂亮的装饰。

Cake chocolat à l'orange

香橙巧克力蛋糕

混入面糊中的糖渍橙皮，尽量选用质量上乘的橙皮。
没有装饰用的橙子时，也可以只撒上糖粉装饰。

材料（8cm×18cm×6cm 的磅蛋糕模具 3 个）

无盐黄油　150g

细砂糖　215g

蜂蜜　33g

鸡蛋　310g

调温巧克力　155g

　黑巧克力，可可脂含量 70%

淡奶油（乳脂含量 38%）　120g

┌　低筋面粉　65g

│　无糖可可粉　120g

└　泡打粉　3.3g

糖渍橙皮（切细丝）*　120g

橙子（装饰用）　1~2 个

糖粉　适量

涂抹模具无盐黄油　适量

*使用切成细丝的糖渍橙皮（如图）。
橙皮较大时可以切碎。

➜ 顺序 ←

1 **烘烤装饰用橙片**
　↓
2 **提前准备**
　↓
3 **制作面糊**
　↓
4 **烘烤**
　↓
5 **装饰**

将剩下的面糊倒入蒸碗烘烤。

烘烤装饰用橙片

1 将橙子尽量切薄片，也可以使用切片机。

2 两面都薄薄撒上一层糖粉，烤盘铺上油纸，摆在油纸上，烤箱180℃烘烤15分钟。烤到酥脆后冷却。

提前准备

3 将黄油、鸡蛋从冰箱中取出，放置回温。混合粉类，过筛2次。

4 将糖渍橙皮切成1cm长。

5 用刷子将软化的黄油涂抹在模具上。即使是聚乙烯材质的模具，涂上黄油，也能让成品更好看。

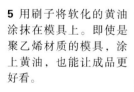

制作面糊

6 巧克力切碎，放入碗内，隔水加热软化。

7 将黄油放入搅拌机用的碗内，用搅拌机搅拌。

8 搅拌到柔软、粘稠，类似蛋黄酱的形状。

9 放入细砂糖，继续用搅拌机搅拌。开始质地较硬，继续搅拌到发白、粘稠。

10 从搅拌机倒入碗内，开火加热，将面糊加热到28℃。

11 加入蜂蜜，再用搅拌机继续搅拌。

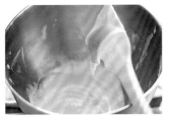

16 粗略搅拌后，从搅拌机内拿出，将过筛的粉类全部加入。

12 一点点加入蛋液，搅拌机中高速搅拌。

17 用打蛋器快速搅拌。

13 加入全部蛋液，继续搅拌到顺滑。

18 搅拌到变得粘稠、出现光泽。

14 倒入**6**软化的巧克力搅拌均匀。

19 放入切碎的糖渍橙皮，继续搅拌。

15 用微波炉将淡奶油加热到40℃，倒入搅拌机内搅拌。

烘烤

20 将400g面糊倒入准备好的模具，用橡皮刮刀抹平。在操作台上轻敲，排除面糊中的空气。

21 放入烤箱用190℃~200℃烘烤25分钟。中间打开烤箱门，排出空气，将温度调低到170℃~180℃烘烤25~30分钟。烘烤完成后脱模，放在蛋糕架上冷却。

22 还有剩余面糊时，倒入蒸碗，烤箱190℃~200℃烘烤约25分钟。

装饰

23 冷却后撒上糖粉。
24 将烘烤之后的橙片，轻轻扭一下，放在蛋糕上面装饰。

专栏3
进一步了解巧克力

巧克力的历史
从古墨西哥到现代

古墨西哥人把巧克力和辣椒、香料一起搅拌，做成粘稠苦涩的饮料，当作神赐予的礼物引用；而其缓解疲劳的药效，更增添了其贵重的程度，是只有国王等贵族才能享用的珍贵食品。在14~16世纪，繁荣昌盛的墨西哥阿兹特克王国将可可豆作为流通货币，据说100粒可可豆就可以买1个奴隶。

进入大航海时代后，可可豆传播到西班牙，从西班牙又传播到意大利、法国，一直到整个欧洲。刚到欧洲时还是粘稠苦涩的饮料，后来慢慢加入砂糖，牛奶、鸡蛋、葡萄酒等，逐渐改善了味道。

到了1800年代，欧洲人发明去除可可液块内的可可脂的技术，成功制出可可粉。后来在英国，发明了将巧克力凝固的技术，做出如今最流行的巧克力板的原型。从此之后，食用巧克力的历史开始了。后来人们利用炼乳做出固体的牛奶巧克力。在1800年代末，精炼技术出现，可以做出口感顺滑、质地上乘的巧克力。后来，1900年代，夹心巧克力、杏仁巧克力等一口大小的巧克力出现，现在的巧克力体系基本成型了。

长久以来一直被作为饮料的可可，终于到19世纪末成为食用巧克力，发生了质的飞跃。如今众多巧克力师傅为了制作更美味、更浓郁的巧克力，一直就就业业、孜孜以求地工作着。

Gâteau chocolat aux marrons

栗子巧克力蛋糕

　　栗子巧克力蛋糕是巧克力烘烤糕点中的基础糕点。做法非常简单，这里介绍的是放入无花果和栗子的类型，在家里也能制作。为了让巧克力味道更浓郁，建议使用可可脂含量60%~70%的苦甜巧克力制作。

　　首先打发好的蛋液，加入软化的巧克力、黄油和粉类，混合均匀后烘烤。

　　做法就这么简单，但是火候非常关键。要烘烤到熟透但是口感依然绵润，膨胀到原来的1.5倍，就差不多烤好了。这里使用的模具，大约需要烘烤20~25分钟，面糊就会膨胀，然后就开始收缩形成皱纹。开始收缩后，触摸表面，有弹性就证明烤好了。烘烤过度质地会变得坚硬，一定要注意观察。

　　放入的无花果和栗子非常适合和巧克力搭配，但也可以什么也不放，单纯烘烤。面糊的分量可以烘烤3个直径18cm的圆模，170℃烘烤60分钟左右。要想轻松制作巧克力糕点，那推荐尝试一下这款栗子巧克力蛋糕。

Gâteau chocolat aux marrons

栗子巧克力蛋糕

外表酥脆，里面绵润。烘烤过度会变坚硬，所以美
味的关键在于火候。

材料（直径 21.5cm 的挞盘 3 个）
【面糊】
调温巧克力　188g
　　黑巧克力，可可脂含量 62%
无盐黄油　150g
低筋面粉　45g
无糖可可粉　120g
┌ 蛋黄　300g
└ 细砂糖　150g
┌ 蛋白　300g
└ 细砂糖　150g
淡奶油（乳脂含量 38%）　120g
【填充馅】
半干无花果　12 个
糖煮栗子　24 个
榛子仁、杏仁　各 30 个
核桃　21 个
开心果　30 个
涂抹模具用软化无盐黄油、高筋面粉　各适量
装饰用糖粉、淡奶油　各适量

根据喜好随意选择果仁组
合。

无花果干使用半干
的比较好。

➔ 顺序 ➔

1 提前准备
　　↓
2 制作面糊
　　↓
3 倒入模具
　　↓
4 烘烤

提前准备

1 用刷子将软化的黄油涂抹在模具上。

2 高筋面粉倒入模具，让模具均匀粘上面粉。

3 倒出多余的面粉，放入冰箱冷藏。

4 将无花果斜着对半切。

5 果仁类切碎。

6 低筋面粉和可可粉混合，过筛2次。

制作面糊

7 巧克力切碎，和黄油一起放入碗内，隔水加热。

8 巧克力和黄油基本软化时，用橡皮刮刀搅拌到完全融合，加热到50℃。

9 另取一碗，放入蛋黄和细砂糖，用打蛋器打发到体积膨胀、颜色发白。

10 将蛋白倒入搅拌机的碗内打发。打发出纹路后，分4~5次加入细砂糖打发，打到干性发泡。

11 锅内倒入淡奶油，小火加热，加热到70℃左右。

12 将**8**全部倒入**9**中打发好的蛋黄中。

13 立刻用打蛋器搅拌。搅拌到看不到巧克力纹路就可以了。

18 加入剩下的一半蛋白霜。

19 用打蛋器转圈搅拌，搅拌到看不到蛋白霜纹路。

14 将**11**加热的淡奶油全部倒入**13**。

20 将过筛的粉类分2次放入。

15 用打蛋器搅拌到看不到淡奶油纹路。

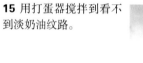

21 用橡皮刮刀轻轻翻拌，不要搅拌。

16 将淡奶油搅拌到顺滑。

22 将粉类混合均匀。搅拌到没有生粉，出现光泽即可。

17 将**10**的1/3的蛋白霜放入**16**，用橡皮刮刀用力搅拌，整理纹路。

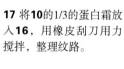

23 加入剩余蛋白霜，用橡皮刮刀从底部翻拌。像是要把面团破坏掉一样翻拌，让面糊组织细腻，让成品的口感更美味。

24 搅拌到看不到蛋白霜的白色纹路，出现光泽即可。

27 继续倒入面糊，倒到8分满。

倒入模具

25 将1/6的面糊倒入准备好的模具。

28 轻敲模具表面，排出面糊中的空气。剩下2个模具也同样操作。

26 每个蛋糕摆上4个无花果和8个栗子。

29 将切碎的果仁均匀撒在蛋糕上面。

烘烤

30 将烤箱预热到170℃，烘烤40分钟。烘烤30分钟后，打开烤箱门，排出烤箱内的湿气。面糊膨胀到1.5倍就烤好了。脱模，移到蛋糕架上冷却，撒上糖粉。分割后装盘，装饰上打发好的淡奶油。

Glace et Sorbet

Glace au chocolat
Sorbet aux framboises

冰激淋和沙冰

巧克力冰激淋/覆盆子沙冰

自己制作的冰激淋，满满都是巧克力的浓郁香气，口感柔软顺滑，风味独特。

刚做好的冰激淋，没有异味，入口即化，非常美味。本次介绍的一种是巧克力冰激淋，制作奶黄酱，混入巧克力，所以浓郁的口感中略带有巧克力的苦涩；另一种是覆盆子沙冰，在其中混入巧克力碎搅拌，魅力在于酸爽的覆盆子和巧克力碎和谐搭配。也可以将巧克力软化，和覆盆子混合，但是还残留巧克力粒，让口感更独特。不仅可以使用覆盆子，也可以使用草莓、芒果等水果泥。

制作冰激淋时，要使用冰激淋机。这里是用保冷瓶提前冷冻，再将材料倒入冰激淋机制作而成。冰激淋品牌不同，做法也会不同。请了解自己的冰激淋机品牌，依照说明来操作。

做好后的成品装盘时，可以装饰上蛋黄酱或者薄荷等。冰激淋做好的那一刻，真的非常开心和幸福。

Glace au chocolat

巧克力冰激淋

选择可可脂含量高的调温巧克力，再放入
称作苦巧克力的可可液块，突出苦味。

材料（约500mL）

牛奶　250g
细砂糖　27g
转化糖浆 *1　27g
凝固剂 *2　1g
蛋黄　87.5g
调温巧克力（黑巧克力，可可脂含量70%）　50g
可可液块 *3　25g
装饰用淡奶油、牛奶　各50g

*1 将蔗糖分解成葡萄糖和
果糖，味道厚重香甜。
*2 稳定剂。也可以不放。
*3 可可碎磨碎制成，也叫
做苦巧克力。（参考P18）

➜ 顺序 ←
1 **提前准备**
　↓
2 **制作材料**
　↓
3 **成型（使用冰激淋机）**

提前准备

将冰激淋机的保冷瓶放入冰箱冷冻一晚。（冰激淋机品牌不
同，操作方法也不同，要根据具体情况来准备）

制作材料

1 锅内倒入牛奶、转化糖
浆，开火加热。

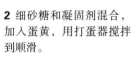

2 细砂糖和凝固剂混合，
加入蛋黄，用打蛋器搅拌
到顺滑。

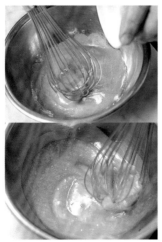

3 将**1**中加热沸腾的牛奶
一点点倒入蛋黄碗中，
同时用打蛋器搅拌均
匀。

4 再倒入锅内，开火加
热。用橡皮刮刀从底部
用力搅拌，以免煮焦。
煮到粘稠后离火。

5 放入切碎的巧克力和可
可液块，边搅拌边用余
热软化。

6 等完全软化后，过滤到
碗内。

成型

7 碗底放入冰水，边搅
拌边冷却。冷却到5℃左
右，倒入装饰用的淡奶
油和牛奶搅拌均匀。

8 将材料倒入保冷瓶中，
用冰激淋机制作。时间
要根据冰激淋机具体情
况酌情加减。

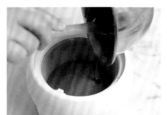

9 做好后装盘，最好装饰
上奶黄酱等。不立即食
用时，放入保存容器，
冷冻保存。

Sorbet aux framboises

覆盆子沙冰

使用覆盆子果泥。为了让巧克力入口即化，
尽量将巧克力切碎，即将做好前放入。

材料（约500mL）

糖浆

┌ 细砂糖　12.5g
│ 凝固剂　0.6g
└ 转化糖浆　87.5g

水　100mL

覆盆子冷冻果泥　250g

覆盆子利口酒　10g

调温巧克力（黑巧克力，可可脂含量70%）40g

*将新鲜覆盆子捣碎，过滤去
掉种子制成。准备净重250g。

提前准备

将冰激淋机的保冷瓶放入
冰箱冷冻一晚。（冰激淋
机品牌不同，操作方法也
不同，要根据具体情况来
准备）

制作材料

1 制作糖浆。细砂糖和凝
固剂混合。

2 锅内倒入分量表内的
水、**1**和转化糖浆，开火加
热。

3 边搅拌边加热，沸腾后
软化砂糖。等完全软化
后，锅底放入冰水，不时
搅拌，冷却到5℃左右。

4 解冻的覆盆子果泥和**3**
的糖浆搅拌均匀。

5 继续加入覆盆子利口酒
搅拌。

成型

6 将材料倒入保冷瓶中，
用冰激淋机制作。时间要
根据冰激淋机具体情况酌
情加减。

7 将巧克力切碎。

8 在沙冰即将做好前，将
7的巧克力碎全部放入**6**。

9 再用冰激淋机粗略搅
拌。装盘，最好装饰上奶
黄酱等。不立即食用时放
入保存容器，冷冻保存。

Boissons chocolats
au lait/Amer/Épice

巧克力饮料
牛奶/苦甜巧克力/香料

　　将可可豆像现在这样制成巧克力来食用，只不过有200多年的历史。

　　可可豆最初是磨碎作为饮料饮用的。

　　可可豆在公元2000年前的古墨西哥就已经存在了，约有4000年的历史。不过，像现在这样做成香甜坚硬的巧克力来食用开始于19世纪中期。在古墨西哥，当地人都是将可可豆磨碎，混入香料，做成粘稠苦涩的饮料。这就是巧克力饮料，也是热巧克力的原型。当时没有将可可豆磨到顺滑的技术，而且可可豆油脂过多，所以热水和固体成分容易分离，形成沉淀，口感粗糙苦涩，算不上好喝的饮料。现在则可以利用新技术将可可豆制作成美味的调温巧克力，再软化做成饮料，比当时要好喝很多。

　　巧克力饮料的做法非常简单，只需要将巧克力放入热牛奶，软化到顺滑就可以了。变换巧克力的种类，或者放入香料，就能做出足以和美味果饮媲美的美味巧克力饮料。

　　调温巧克力超过25℃会软化变质。制作糕点剩余的巧克力，夏天建议全用来制作饮料。巧克力饮料要比可可饮料略带苦味，即使夏天饮用也不会觉得甜腻。完全冷却后，放入冰块，就请享用冰凉爽滑的饮品吧。

牛奶

放入足量的牛奶，香味浓郁，口感柔和。加入淡奶油只是为了让口感更醇厚，也可以全部使用牛奶。

材料（2~3 杯）

调温巧克力　60g
　牛奶巧克力，可可脂含量 41%
调温巧克力　60g
　黑巧克力，可可脂含量 70%
牛奶　400g
淡奶油　40g

→ 顺序 ←
1 软化
↓
2 冷却

软化

1 将2种巧克力切碎，混合均匀。

2 锅内倒入牛奶和淡奶油，中火加热。

3 煮到沸腾后，关火，用打蛋器快速搅拌。

4 立刻加入巧克力碎。

5 再开中火加热，边用打蛋器搅拌，边软化巧克力。等巧克力完全软化，搅拌到粘稠后停止搅拌，在接近沸腾时关火。

冷却

6 用过滤器滤去杂质，倒入碗内。

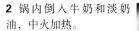

7 碗底放入冰水。

8 搅拌冷却，冷却后放入冰块，倒入玻璃杯中。

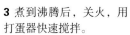

苦甜巧克力

正如其名,略有苦味。通过香草提香,
让巧克力的香味更加丰富。

材料（2~3 杯）

调温巧克力　85g
　黑巧克力，可可脂含量70%
可可液块*　15g
牛奶　400g
水　40g
香草豆荚　1 根
*将可可豆磨碎制成，也叫做苦
巧克力。（参考P18）

软化

1 巧克力和可可液块切
碎，混合均匀。

2 锅内倒入牛奶和水，中
火加热。

3 香草豆荚切一下，用手
剥开。

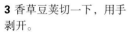

4 用刀背取出豆荚内的
黑色香草籽，放入**2**的锅
内。豆荚也放进去，中火
加热。

5 煮到沸腾后，关火，用
打蛋器快速搅拌。

6 立刻加入巧克力碎。

7 再开中火加热，边用打
蛋器搅拌，边软化巧克
力。等巧克力完全软化，
搅拌到粘稠后停止搅拌，
在接近沸腾时关火。

冷却

8 用过滤器滤去杂质，倒
入碗内。碗底放入冰水。
搅拌冷却，冷却后放入冰
块，倒入玻璃杯中。

香料

加入柑橘类果皮和果汁，再混入香料，香甜中带有一丝酸爽和辛辣，让味道更丰富。可添加自己喜欢的香料，不过一定要少量放入。

材料（2~3 杯）

调温巧克力　100g

　　黑巧克力，可可脂含量 70%

牛奶　310g

淡奶油　40g

香草豆荚　1 根

橙子 *1　1 个

柠檬　1/2 个 ~1 个

香料 *2

┌ 肉桂粉　0.5g

│ 豆蔻粉　0.4g

│ 胡椒粉　0.2g

└ 辣椒粉　0.1g

*1 最好是不打蜡的橙子。

*2 香料的分量可参考下面的图片。（图片从左到右分别是豆蔻粉、肉桂粉、胡椒粉和辣椒粉）

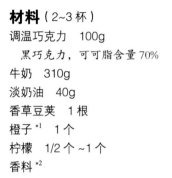

➔ 顺序 ←

1 煮出香味

↓

2 软化 / 冷却

↓

3 过滤

煮出香味

1 橙子和柠檬在热水中洗净，擦干水分。将颜色浓重的部分薄薄削下，不要白色部分。

2 将果肉榨汁，准备约 50g 橙汁、20g~40g 柠檬汁。不喜欢酸的可以减少柠檬汁用量。要注意柠檬汁越多，越容易分离。

3 将榨汁倒入不锈钢材质或珐琅材质的锅内。

4 将 20g 水、橙皮、柠檬皮和香料倒入 **3**。

5 中火加热，沸腾后再煮 2~3 分钟，关火。

软化 / 冷却

6 将巧克力切碎，锅内倒入牛奶和淡奶油。香草豆荚切一刀剥开，用刀背取出香草籽，连豆荚一起放入锅内，中火加热。

7 煮到沸腾后，关火，用打蛋器快速搅拌。立刻放入已经煮好的果皮和汤汁。

8 然后加入巧克力碎。

9 再开中火加热，边用打蛋器搅拌，边软化巧克力。等巧克力完全软化，搅拌到粘稠后停止搅拌，在接近沸腾时关火。

10 放置3小时左右冷却，让香味渗透到巧克力中。

过滤

11 等完全冷却后，用过滤器滤到碗内。

12 最后轻轻按压筛网内的果皮，用力过滤到碗内。然后倒入放有冰块的玻璃杯中。

专栏4
进一步了解巧克力

巧克力的历史
日本篇

日本最初品尝到巧克力的味道，是江户时代初期，仙台藩主伊达政宗的家臣支仓常长，他从西班牙殖民地墨西哥，被派遣到西班牙、罗马。

巧克力进入日本时期较晚，是江户时代的宽政年间（1789~1800年）。当时，在对外开放的长崎，有巧克力的记录。明治初期，派遣到欧洲的岩仓具视一行，汇报了在法国参观巧克力工厂的情况。自此，日本开始从欧洲进口巧克力，但是价格非常昂贵，非一般平民能享用。

明治11年（1878年），在东京、两国有了米津风月堂，日本开始制作和销售巧克力。但巧克力并不合乎大众口味，所以并不受欢迎。大正7年（1918年），森永太一郎建立糕点生产工厂，开始制造、销售迎合日本大众味道的巧克力，慢慢让巧克力被大众熟知。昭和初期（1926年左右），巧克力越来越受欢迎，但是随着战争的开始，可可豆受到管制，巧克力再次远离平民大众。

日本再次出现真正的巧克力，是在可可豆进口自由化的昭和35年（1960年）以后。随着制作技术的发达，民众生活的欧美化，出现了品质越来越好的巧克力。

Confitures

Banane orange et chocolat
Fruit des tropiques et chocolat blanc

果酱
香蕉、橙子和巧克力/
热带水果和白巧克力

　　果酱，由水果加入砂糖煮制而成。可以使用一种水果，也可以使用几种水果组合。增添甜度可以使用砂糖，也可以混入黄砂糖、蜂蜜等。成品状态有粘稠的、清爽的，还有留有水果粒的，样式多种多样。

　　既然身为巧克力师傅，自然要使用巧克力来制作果酱。虽然混入了巧克力，但并不留有巧克力香味，而是让水果的酸爽变得柔和，香味更浓郁。也有加入精制的果胶的做法，但我并不用此法。不使用果胶，颜色会更鲜亮，味道更美味。加入柠檬汁或柠檬皮，将水果内的果胶自然分解出来。

　　为了更加美味，要准备完全成熟的水果。水果含糖量不同，成品的状态也有变化，为了做出相同状态的成品，需要使用温度计（最大值200℃）和糖度计，在边煮果酱时边测量温度和糖度，所以请尽量准备温度计和糖度计。

　　煮好后倒入消毒后的瓶内，保存3个月内都非常美味。开盖后可冷藏保存，需尽快食用完毕。如果不能全部装入瓶中，还有剩余，可以趁温热直接食用，非常美味。

Banane orange et chocolat

香蕉、橙子和巧克力

在香蕉和巧克力的浓香中，略有橙子的酸爽，
非常美味。

→ 顺序 ←
1 准备水果
↓
2 煮熟
↓
3 装瓶

材料（180mL 的密封瓶约 6 瓶）
香蕉（净重）　500g
橙子（净重）　500g
柠檬 *1　1/2 个
细砂糖　600g
可可液块 *2　100g

*1 柠檬尽量使用不打蜡的。
在热水中用炊帚用力洗净，擦干
表面水分。
*2 可可碎磨碎制成，也叫做苦
巧克力。（参考P18）

准备密封瓶

1 为了能在果酱煮好后就能封存，一定要先将密封
瓶消毒。密封瓶连同盖子一起洗净，用热水烫过。
瓶口、盖子都朝下摆在网上，沥干水分。
2 瓶子干燥后，瓶口、盖子朝上摆在烤盘上，用烤
箱180℃烘烤2~3分钟，烤干水分，杀菌消毒。

使用糖度计

快煮好时煮汁超过100℃，取少量煮汁放在方盘
或刮板上，冷却到可触摸的程度，用糖度计测量
糖度。

准备水果

1 橙子上下部分切掉，将
橙皮剥下。用刀在橙子上
刻V字，将果肉切下，放
入不锈钢碗内。去除种
子，将所有果肉取出，最
后挤出橙汁。

2 将柠檬皮尽量切薄，只
将黄色部分磨碎，放入橙
汁中。挤出柠檬汁，放入
橙子中。

3 放入细砂糖，用橡皮刮
刀搅拌均匀。

4 室温20℃放置一晚（约12个小时），中间搅拌1~2次。

5 经过一晚后，果汁从果肉中渗出来。煮干这些果汁，就做成果酱了。

煮熟

6 将可可液块切碎。

7 香蕉容易变色，在快煮好时再放入搅拌。剥皮，取出筋络，切成7mm~8mm的厚片。

8 将香蕉放入静置一晚的橙汁内，搅拌均匀。

9 将**8**倒入铜碗或铜锅内，大火加热，不时用木铲慢慢搅拌。

10 煮到沸腾后，小心撇去浮沫，不时搅拌。将粘在周边的煮汁，用浸湿的刷子刷下来。

11 没有浮沫后放入温度计，测量温度。用糖度计测量糖度（参考左页），煮到温度104℃，糖度59%就可以。

12 关火，加入可可液块用木铲搅拌。

13 开小火加热，边搅拌边煮2~3分钟，让可可液块软化。

装瓶

14 煮好后立刻倒入准备好的瓶内。用汤勺舀入果酱，一直倒满到瓶口。

15 轻轻拿起瓶子，在操作台上轻敲几下，排出里面的空气，盖上盖子。

16 盖上盖子，将瓶子倒扣。这样瓶内的空气也变热，可以杀菌。或者用烤箱160℃烘烤5分钟左右，杀菌效果更好。之后常温冷却。

热带水果和
白巧克力

南方水果的香气浓郁，味道清爽。留有
菠萝果肉，口感更好。

材料（180mL 密封瓶约 6 个）

菠萝　400g（净重）

芒果（墨西哥产）　400g（净重）

百香果泥 *　200g

柠檬　1/2 个

细砂糖　600g

调温白巧克力　120g

*将果肉取出，去除种子，冷冻
市售。

➜ **顺序** ☙

1 **准备水果**
　　↓
2 **煮熟**
　　↓
3 **装瓶**

准备水果

1 菠萝切掉茎部，切掉上
下部分，去皮。

2 慢慢在孔洞两边切下V
字，抠掉孔洞。

3 去掉坚硬的菠萝芯，切
成2cm小块。

4 去掉芒果皮。避开种
子部分，将果肉切成三
片。

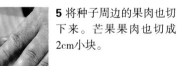

5 将种子周边的果肉也切
下来。芒果果肉也切成
2cm小块。

6 不锈钢碗内放入少量菠萝，再放入少量细砂糖。再放入少量芒果，放入少量细砂糖。以相同的方式放入菠萝→细砂糖→芒果→细砂糖，层层叠加。尽量让每一块水果都粘上细砂糖。

7 将柠檬皮尽量削薄，只将黄色部分磨碎。挤出柠檬汁，放入水果。

8 放入解冻的百香果果泥。

9 室温20℃左右放置1晚（约12小时），中间搅拌1~2次。

10 放置1晚后，从果肉中渗出透明的汁液。

煮熟

11 巧克力切碎。

12 将水果倒入铜碗或铜锅内，大火加热，不时用木铲慢慢搅拌。煮到沸腾后，小心撇去浮沫，不时搅拌。将粘在周边的煮汁用浸湿的刷子刷下来。

13 没有浮沫后放入温度计，测量温度。用糖度计测量糖度（参考P110），煮到温度104℃，糖度60%就可以。

14 关火，加入巧克力用木铲搅拌。

15 开小火加热，边搅拌边煮2~3分钟，让巧克力软化。

装瓶

16 煮好后立刻倒入准备好的瓶内（参考P110）。用汤勺舀入果酱，一直倒满到瓶口。

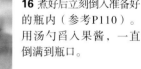

17 轻轻拿起瓶子，在操作台上轻敲几次，排出里面的空气，盖上盖子，将瓶子倒扣。或者用烤箱160℃烘烤5分钟左右，杀菌效果更好。之后常温冷却。

Gâteaux Frais du Chocolat

巧克力糕点

Pudding au chocolat

巧克力布丁

巧克力布丁是蛋液内放入足量的巧克力蒸烤而成。上面搭配柔软的打发淡奶油，撒上巧克力碎，做成3层。食用时淋上微苦的焦糖酱汁。

巧克力布丁没有普通布丁那么爽弹，看似凝固，用汤匙舀取便呈流动的状态。这是因为蛋液里面混入含有油脂的巧克力。巧克力的用量或者材料的温度，都会影响布丁能否凝固。

制作巧克力布丁时一定要注意温度。将布丁放入烤箱时，最低也要40℃，45℃左右比较理想。如果材料温度合适，放入烤箱后能更快达到凝固的温度，而且不容易产生空洞。然后放入装有热水的方盘中隔水加热。要加入沸腾的热水，这样烤箱温度才不会下降。在方盘中倒入和蒸碗里面的面糊高度差不多的水就可以。就像泡澡时热水越多，身体就越暖和那样，同理，加热是为了不让材料冷却。

刚烤好的布丁，可能没有完全凝固，要放入冰箱冷藏1天1夜，这样才能凝固成可以称为布丁的状态，挤上淡奶油装饰。制作像布丁这样的烘烤糕点，要慢慢制作，不要烤焦。

Pudding au chocolat

巧克力布丁

为了让巧克力布丁味道浓郁，只使用蛋黄制作。因为难以脱模，所以倒入蒸碗中烘烤，挤入淡奶油装饰。

材料（直径 7cm 的蒸碗 9 个）
布丁材料
- 牛奶　190g
- 淡奶油　510g
- 蛋黄　90g（约 4 个）
- 细砂糖　88g
- 调温巧克力　30g
 　黑巧克力，可可脂含量 70%
- 无糖可可粉　8g
- 橙子利口酒 *1　8g
焦糖酱汁用细砂糖　100g
装饰用调温巧克力 *2　适量
 　黑巧克力，可可脂含量 61%
奶油酱
- 淡奶油　200g
- 细砂糖　14g
- 橙子利口酒　约 1 大匙
防潮糖粉　适量

*1 也叫做甘桂酒，无色透明。
*2 也可以使用可可脂含量多的
巧克力板。

➔ 顺序 ➔

1　**制作材料、烘烤（冷却）**
　　↓
2　**制作焦糖酱汁**
　　↓
3　**制作奶油酱**
　　↓
4　**装饰**
　　↓
5　**未译**

制作材料、烘烤（冷却）

1 巧克力切碎。碗内放入蛋黄，用打蛋器打散，加入细砂糖搅拌，搅拌均匀即可。

2 锅内放入牛奶和淡奶油，中火加热。沸腾后转小火，加入巧克力和可可粉。

3 用打蛋器搅拌到巧克力软化。

4 再次沸腾后离火，一点点加入**1**的蛋黄，搅拌到顺滑。

5 用过滤器过滤到碗内。

6 用橡皮刮刀刮去留在碗内的材料，倒入碗内。加入橙子利口酒，搅拌到顺滑。

7 在材料上盖上纸巾，慢慢取出，去除气泡。

8 将材料倒入蒸碗到6~7分满。

9 倒入时，材料的温度在40℃~50℃最为理想。

10 将蒸碗摆在深方盘中，倒入沸腾的热水，和材料高度一样高。

11 放入烤箱130℃烘烤45分钟左右。表面稍微膨胀后，晃动蒸碗，整体能晃动起来就烤好了。从烤箱中取出晾凉，放入冰箱冷藏。

制作焦糖酱汁

12 锅内倒入细砂糖和30mL水，中火加热。

13 砂糖软化后，煮到深褐色、气泡变大后关火。

14 加入60mL热水，搅拌均匀。

15 将做好的焦糖酱汁取一些，滴1滴在白色容器上，检查颜色和浓度。酱汁能够缓慢滴落就可以了。

制作巧克力碎碎

16 两手拿刀，将巧克力刨削成薄片。

17 尽量削得又长又薄。

制作奶油酱

18 碗内倒入淡奶油，放入细砂糖，碗底放上冰水，打发。

19 打发到粘稠后，加入橙子利口酒，继续打发。打发到出现纹路，有小角立起，就打发好了。

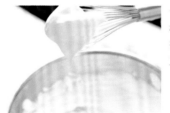

装饰

20 裱花袋装上直径7mm的裱花嘴，装入奶油酱，在冷却的布丁上面呈旋涡状挤出奶油酱。

21 撒上足量的巧克力碎。糖粉倒入筛网过筛。放入冰箱冷藏后，淋上焦糖酱汁食用。

Crémét d'Anjou

巧克力奶酪蛋糕

　　这是法国西北部安茹地区的一道甜点。本来是用新鲜牛奶制成的奶酪与水洗奶酪、蛋白霜、淡奶油搅拌，滤去水分制成。如果凝固的材料里没有混合其他东西，乳制品会渗出水分。为了吸收多余的水分，要用纱布包裹住。

　　为了搭配巧克力，这道甜点得到了创新。在味道浓郁的乳制品中，用覆盆子的酸爽和清香提味，让口感更丰富浓厚，除了覆盆子果泥，还加入了覆盆子制作的蒸馏酒，让味道更突出。

　　制作巧克力奶酪蛋糕时，先制作好各个部分，再在模具中组合，用白色的新鲜奶酪包裹住巧克力和覆盆子。这时的巧克力奶酪蛋糕外表全白朴素，没有过多装饰。装盘时，淋上覆盆子酱汁或者放上水果装饰，更显华丽。

Crémét d, Anjou

巧克力奶酪蛋糕

使用市售的冷冻覆盆子果泥更为方便。另外，也可以用新鲜覆盆子制作果泥，去除种子。使用干净、崭新的纱布铺在模具中。

材料（直径9cm 的蒸碗8个）

【海绵蛋糕】（13~14个）

- 蛋黄 1个
- 细砂糖 7g
- 蛋白 1个
- 细砂糖 15g
- 低筋面粉 20g
- 无糖可可粉 5g

【糖浆】

覆盆子果泥 50g

细砂糖 38g

水 50mL

覆盆子蒸馏酒[*1] 20mL

覆盆子果酱

覆盆子果泥 100g

细砂糖 80g

【甘纳许】

淡奶油（乳脂含量38%） 60g

覆盆子果泥 40g

水饴 6g

调温牛奶巧克力 85g

调温黑巧克力 25g

【奶酪奶油酱】

水洗奶酪[*2] 200g

高脂淡奶油[*3] 100g

发酵淡奶油[*4] 100g

- 淡奶油 200g
- 细砂糖 35g
- 蛋白 50g
- 细砂糖 40g

【酱汁】

覆盆子果泥 50g

细砂糖 20g

水 30mL

覆盆子蒸馏酒 5mL

【装饰】

巧克力酱汁、覆盆子、蓝莓、橙子、薄荷等 各适量

➜ 顺序 ←

1 制作材料、烘烤（冷却）
   ↓
2 烘烤海绵蛋糕
   ↓
3 制作糖浆、酱汁
   ↓
4 制作覆盆子果酱
   ↓
5 制作甘纳许
   ↓
6 制作奶酪奶油酱
   ↓
7 组合

*1 覆盆子蒸馏酒，和提香的利口酒不同，是从覆盆子提炼的蒸馏酒。

*2 水洗奶酪（左）是牛奶加入凝乳酵素凝固，沥干水分，制作简单的新鲜奶酪。
*3 高脂淡奶油（中），是将淡奶油煮制成乳脂含量50%左右的浓稠淡奶油。
*4 发酵淡奶油（右），是将淡奶油加入乳酸菌发酵而成的奶油。

提前准备

1 将崭新的纱布裁成30cm×30cm大小，盖在整碗上。再放入一个比碗小一圈的压模或蒸碗，让纱布贴在模具内侧。

2 将周围多余的纱布折入底部，取出压模或者蒸碗。剩下的模具也要同样准备。

烘烤海绵蛋糕

3 低筋面粉和可可粉混合，过筛备用。

4 碗内放入蛋黄，用打蛋器打散，加入细砂糖搅拌。

5 另取一碗，放入蛋白打散，加入1/10的细砂糖打发。打发到有小角立起时，分3~4次放入剩下的细砂糖打发，打成坚硬的蛋白霜。

6 蛋白霜内放入蛋黄，用橡皮刮刀轻轻搅拌。

7 粗略搅拌后，放入过筛的粉类，开始从底部翻拌。

8 调整面糊的纹路，搅拌到出现光泽。

9 裱花袋装上直径6mm的裱花嘴，装入面糊，烤盘铺上油纸，有间隔地将面糊挤成直径4cm的圆形。

10 放入烤箱180℃烘烤8~10分钟，放在蛋糕架上冷却。

制作糖浆、酱汁

11 搅拌糖浆内的细砂糖和水，软化细砂糖，和剩下的糖浆材料搅拌均匀。

12 酱汁也按照同样的顺序制作。

制作覆盆子果酱

13 不锈钢锅内放入覆盆子果泥，加入细砂糖，放置10分钟，让细砂糖软化。

14 大火加热，煮到沸腾，不时搅拌，煮到103℃~104℃，变得粘稠后关火。

制作甘纳许

15 将2种巧克力切碎，混合放入碗内。

16 锅内倒入淡奶油、覆盆子果泥、水饴，开火加热。沸腾后用橡皮刮刀轻轻搅拌。

17 将**16**沸腾的淡奶油迅速倒入**15**的巧克力碗内。

18 放置1分钟，从中间开始慢慢搅拌，让巧克力软化。

19 搅拌到顺滑后，改用打蛋器，前后搅拌使其乳化。搅拌到出现光泽后，室温放置冷却。

制作奶酪奶油酱

20 碗内放入水洗奶酪、高脂淡奶油和发酵淡奶油，用打蛋器打发，混入空气。

21 将淡奶油、细砂糖放入搅拌机的碗内，打发到蓬松。

22 将打发的淡奶油全部加入水洗奶酪的碗内。

23 用打蛋器轻轻搅拌。

24 另取一搅拌机的碗，倒入蛋白打出粗泡后，加入1/10的细砂糖打发。打发到有小角立起后，分3~4次放入剩下的细砂糖打发，打成坚硬的蛋白霜。

25 将**24**的蛋白霜全部放入**23**的碗内。

26 用橡皮刮刀搅拌到顺滑。

组合

27 裱花袋装上直径10mm的裱花嘴，装入奶酪奶油酱，挤入铺有纱布的蒸碗底部，避开中间挤成漩涡状。

28 用汤匙将覆盆子果酱舀入中间的凹陷处。

29 裱花袋装上直径10mm的裱花嘴，装入甘纳许，挤出。甘纳许冷却的话，略微加热更方便挤出。

30 将海绵蛋糕放入糖浆中完全浸泡。

31 轻轻沥干汁液，放在甘纳许上，轻轻按压。放海绵蛋糕时，要注意不要让奶酪奶油酱粘上红色汁液。

32 上面挤上奶酪奶油酱做盖，挤到8分满。

33 将纱布的一角折起来盖住，用手轻轻按压。

34 将剩下的3个角折向内侧，轻轻盖住，放入冰箱冷藏约1个小时。从蒸碗中取出，装盘，淋上酱汁或者巧克力酱汁，装饰上喜欢的水果或薄荷。

Choux
au
chocolat

巧克力泡芙

　　我将自己制作的泡芙，命名为恶魔，名字很吸引眼球。

　　身为巧克力师傅，自然要使用大量的巧克力。泡芙皮混入可可粉烘烤，奶油内混入甘纳许，就能做出黑色的糕点。因为外观呈黑色，所以命名为恶魔，这是只有在我的巧克力店才能品尝到的泡芙。

　　这款泡芙在制作过程中，泡芙皮（泡芙面糊）很容易出现无法膨胀的现象。

　　特别是将水分和粉类混合的时候。可可粉含有油脂，在和牛奶、黄油或粉类混合时非常光滑，很难搅拌均匀。需要用木铲快速用力搅拌。制作过程中水分不蒸发，容易产生问题；但如果加热过度，水分完全蒸发，也很难膨胀起来。将面糊搅拌成团，有水蒸气从面糊中散发出来，就可以离火了。然后用电动打蛋器将蛋液搅拌均匀，最后一个鸡蛋要一点点加入搅拌。根据锅中面糊水分蒸发的情况来决定放入鸡蛋的用量，所以需要舀起面糊查看面糊状态。

Choux au chocolat

巧克力泡芙

搅拌泡芙面糊时先放入 4 个鸡蛋, 剩下的一个鸡蛋酌情放入。将面糊搅拌到出现光泽、变得顺滑后, 舀起面糊查看面糊状态。面糊能呈倒三角滴落时就可以了。

材料 (约 20 个)

【泡芙面糊】

牛奶　125g

水　125g

无盐黄油　125g

盐　3g

细砂糖　8g

低筋面粉　125g

无糖可可粉　25g

鸡蛋　约 5 个 (270g 左右)

【卡仕达奶油酱】

牛奶　500g

香草豆荚　1/2 根

蛋黄　6 个 (120g)

细砂糖　115g

低筋面粉　25g

玉米淀粉　25g

【甘纳许】

调温巧克力　100g

　黑巧克力, 可可脂含量 70%

淡奶油　100g

刷表面用蛋液*　适量

*将打散的蛋液和蛋黄等量混合而成。

这次, 将树叶形状的搅拌配件装在打蛋器上。

挤出奶油时使用的花嘴。因为有锯齿, 所以挤出时呈星型。

➡ 顺序 ⬅

1 制作泡芙面糊

↓

2 烘烤泡芙面糊

↓

3 制作卡仕达奶油酱

↓

4 制作甘纳许

↓

5 成型

制作泡芙面糊

1 低筋面粉和可可粉混合, 过筛2次。

2 锅内放入牛奶、水、黄油、盐、细砂糖, 开火加热。用打蛋器搅拌, 让黄油和盐软化。

3 **2**煮到沸腾后关火, 将过筛的粉类全部倒入。

4 用打蛋器快速搅拌，粗略搅拌成团，搅拌出弹性。

5 搅拌成团后，再开中火加热。

6 改用木铲快速搅拌到没有疙瘩，成为一团。当面糊开始有水蒸气时，将面糊倒入搅拌机碗内。

7 加入4个鸡蛋，搅拌机中速搅拌。搅拌到顺滑后，用橡皮刮刀刮掉粘在周围的面糊，再中速轻轻搅拌。

8 打散剩下的1个鸡蛋，视面糊的状态，一边用搅拌机搅拌，一边一点点加入蛋液。

9 搅拌到面糊出现光泽，舀起后呈倒三角滴落就可以了。用橡皮刮刀将周围的面糊刮掉，用搅拌机稍微搅拌均匀。

烘烤泡芙面糊

10 裱花袋装上直径1cm的裱花嘴，烤盘铺上油纸，有间隔地挤成直径5cm的圆形。关键在于趁热挤出面糊。

11 用刷子刷上刷表面用的蛋液。

12 放入烤箱200℃烘烤20分钟，之后放在蛋糕架上冷却。

制作卡仕达奶油酱

13 锅内倒入牛奶。香草豆荚剖开，用刀背刮出香草籽，连同豆荚一起放入牛奶。再放入一半的细砂糖，开火加热。

14 低筋面粉和玉米淀粉过筛，倒入剩下的细砂糖搅拌。

15 碗内放入蛋黄打散，放入**14**，用打蛋器搅拌到顺滑。

16 牛奶煮到沸腾后，将1/3的牛奶倒入**15**搅拌均匀，再倒入剩下的牛奶搅拌。

17 用筛网过滤倒入锅内（香草豆荚的豆荚要浸泡到最后，这样才能将香味充分渗入到材料中）。

18 大火加热，用打蛋器快速搅拌，煮熟。

19 沸腾后继续快速搅拌。

20 搅拌到粘稠、出现光泽后，离火。

21 倒入碗内，碗底放入冰水，快速冷却，搅拌到温度下降到20℃左右。

22 搅拌到粘稠就可以了。

制作甘纳许

23 调温巧克力切碎，放入碗内。

24 锅内倒入淡奶油，中火加热。

25 煮到沸腾后，放入 **23**。

26 静置一会儿，用橡皮刮刀从中间开始搅拌使其乳化。

27 改用打蛋器，快速搅拌使其完全乳化、变得顺滑。

成型

28 卡仕达奶油酱和甘纳许混合。

29 用打蛋器搅拌到顺滑。

30 在泡芙皮的1/3处，从上往下斜着切开。

31 裱花袋装上直径8mm的星型花嘴，装入**29**的奶油酱。

32 将奶油酱挤到泡芙皮的下半部分。

33 盖上泡芙皮切下的部分。

Tarte
au
chocolat

巧克力挞

巧克力挞皮酥脆，里面含有香味浓郁的甘纳许。

巧克力挞最大的魅力在于共分为4层，每层都有不同的口感。首先是基础甜挞皮，放入模具中烘烤。挞皮里面是海绵蛋糕和甘纳许，最后淋上镜面巧克力酱。

4个部分相互组合，才能做出美味的巧克力挞。只需用叉子轻轻按压，就会酥松碎裂，这样的状态最为理想。制作时，首先把黄油和蛋液拌匀，再加入粉类搅拌，注意不要搅拌过度。搅拌到没有粉类飞出来就可以了。平整挞皮后，放入冰箱冷藏静置1个小时。擀平挞皮，铺入模具中，擀至厚度均匀。可以再多做一步，将挞皮放入波纹形状模具中，一点点贴合，切掉多余挞皮。只要操作得当，就能做出酥脆的挞皮了。

在烤好的挞皮上，铺上海绵蛋糕，挤入甘纳许。只放入甘纳许味道过于厚重，为了缓和味道，先铺上海绵蛋糕，再放入甘纳许。倒入镜面巧克力酱时，只需薄薄一层，厚度保持在1.5mm~2mm，这样更有光泽。

制作材料有剩余时，也可以用于制作其他糕点，不要浪费。将切下的挞皮揉团擀薄，切成小块或者用压模压出形状烘烤，做成饼干。海绵蛋糕可以放上打发淡奶油和水果，做成简单的甜点。

Tarte au chocolat

巧克力挞

巧克力挞美味的关键在于挞皮。制作挞皮时，粉类不要搅拌过度，擀薄时要快速操作以免挞皮粘连，挞皮铺在模具上要厚度均匀。

材料（直径 18cm 的挞盘 3 个）

【甜挞皮】

低筋面粉　500g

无糖可可粉　100g

无盐黄油　300g

细砂糖　150g

鸡蛋　150g

【海绵蛋糕】（直径 15cm 的圆模 1 个）

低筋面粉　75g

无糖可可粉　30g

　┌ 鸡蛋　150g

　└ 细砂糖　40g

　┌ 蛋白　150g

　└ 细砂糖　40g

无盐黄油　45g

【甘纳许】

调温巧克力　500g

　黑巧克力，可可脂含量 70%

淡奶油（乳脂含量 38%）　555g

转化糖浆 *1　55g

无盐黄油　200g

镜面巧克力酱

调温巧克力　100g

　黑巧克力，可可脂含量 70%

代可可脂巧克力 *2　200g

牛奶　120g

水饴　10g

无盐黄油　10g

撒粉用高筋面粉　适量

【装饰】

金箔　少量

*1 将蔗糖分解成葡萄糖和果糖，味道厚重香甜。

*2 无需调温的巧克力，用棕榈油等油脂代替可可脂。光泽和延展度很好，主要用来装饰。

➔ 顺序 ◆

1 提前准备

↓

2 制作甜挞皮

↓

3 烘烤海绵蛋糕

↓

4 烘烤挞皮

↓

5 制作甘纳许

↓

6 填充内馅

↓

7 制作镜面巧克力酱

↓

8 完成

提前准备

1 将挞皮用的黄油切成小块，放入搅拌用的碗内，室温软化。甘纳许、镜面巧克力酱的黄油也分别切成小块，室温放置。

2 挞皮用的低筋面粉、可可粉，海绵蛋糕的低筋面粉、可可粉，都各自混合过筛。在海绵蛋糕用的圆模底部和侧面铺上油纸。

制作甜挞皮

3 用搅拌机高速打发软化的黄油，搅拌成蛋黄酱形状后，一点点放入细砂糖搅拌。

4 搅拌机转中速，将蛋液一点点加入搅拌。

5 蛋液粗略搅拌后，将过筛的粉类全部放入搅拌。

6 搅拌到没有生粉后，从搅拌机中拿出。

7 将挞皮放入方盘中。

8 挞皮覆上保鲜膜，用手压平，放入冰箱冷藏约1个小时。

烘烤海绵蛋糕

9 碗内放入蛋黄，用电动打蛋器打散，分几次加入细砂糖打发。

10 继续打发到颜色发白、体积膨胀，将面糊打发到呈缎带状滴落，能暂时不落下就可以了。

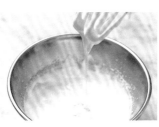

11 另取一碗，放入蛋白和1/10的细砂糖，用电动打蛋器打散。打发到发白后，分2~3次加入剩余的细砂糖，打发到有直角立起，做成坚硬的蛋白霜。

12 将1/3的蛋白霜放入蛋黄碗内，用橡皮刮刀搅拌。

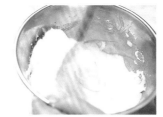

13 分2次放入粉类，粗略翻拌。

14 放入剩下的蛋白霜、软化的黄油翻拌，注意不要消泡。

15 搅拌到看不到蛋白霜的白色纹路，出现光泽就可以了。

16 倒入准备好的模具，烤箱180℃烘烤15分钟。

17 烤完后放在蛋糕架上，撕下油纸冷却。

烘烤挞皮

18 将挞皮从冰箱出取出，分成3等分，在操作台上撒粉（分量表以外），放上挞皮，用擀面棒擀至3mm厚。

19 用打孔器在挞皮上打孔。

20 用擀面棒卷起挞皮，将挞皮在挞盘上面展开。

21 稍稍拿起挞皮，盖在模具上面。

22 食指压在模具内侧，拇指压在模具边缘，去掉多余的挞皮。要认真按压，让模具凹陷处也和挞皮贴合。尤其是模具突起处的挞皮容易变薄，要让挞皮厚度均匀。剩下的挞皮可以重复步骤**18~22**，铺在模具中，放入冰箱冷藏20分钟。

23 将油纸裁成直径22cm~23cm，周围再剪上几刀，铺在**22**的挞盘上。

24 挞盘放上重石，烤箱180℃烘烤15分钟。将重石和油纸取下，继续烘烤5分钟，从模具中取出放凉。

制作甘纳许

25 巧克力切碎，放入碗内。锅内倒入淡奶油和转化糖浆，开火加热，煮到沸腾后离火，倒入巧克力碗内。

26 静置2~3分钟，用橡皮刮刀从中间开始搅拌，让巧克力软化。

27 搅拌到顺滑，改用打蛋器前后搅拌使其乳化。

28 加入室温软化的黄油，搅拌到整体软化。

填充内馅

29 将海绵蛋糕底部薄薄切下，分成5mm厚的3片蛋糕。

30 挞皮上倒入少量的甘纳许，呈漩涡状，作为海绵蛋糕和挞皮贴合的粘着剂。

36 立刻用打蛋器搅拌。差不多软化后，用橡皮刮刀前后搅拌使其乳化。

31 放入1片海绵蛋糕，轻轻按压使其贴合。

37 加入室温软化的黄油搅拌软化。

32 继续倒入甘纳许，倒到9分满，平整表面，其他2个模具也用同样的方法制作，放入冰箱冷藏凝固。

38 为了让镜面巧克力酱在甘纳许上薄薄摊开，要搅拌到粘稠流动的状态。如果质地过硬，用汤勺舀入1勺右的水，边加水边搅拌到柔软。

制作镜面巧克力酱

33 把调温巧克力、代可可脂巧克力切碎，放入碗内。

完成

39 在凝固的甘纳许上，倒入1/3的镜面巧克力酱。

34 锅内倒入牛奶、水饴，开火加热。

40 倾斜模具，让镜面巧克力酱在上面摊平，放入冰箱冷藏使其凝固。

35 将**34**煮到沸腾后，全部倒入**33**的碗内。

41 从挞盘中去除，如果有金箔，就撒上装饰。

Choux
au
chocolat

覆盆子巧克力慕斯

　　这款蛋糕由覆盆子和苦巧克力慕斯2部分叠加而成。慕斯在法语中是泡沫的意思，特点在于材料中混有打发淡奶油和蛋白霜。

　　按照操作顺序，首先烘烤海绵蛋糕。海绵蛋糕上色的这一面很难吸收水分，所以切下来铺在模具上，上面倒入覆盆子慕斯，撒上覆盆子碎，冷藏凝固。为了更突出覆盆子的味道，不让巧克力的味道过于浓厚，使用大量的覆盆子碎。覆盆子慕斯上倒入巧克力慕斯，再倒入凸显光泽的镜面巧克力酱，就做好了。

　　铺在下面的海绵蛋糕和镜面巧克力酱非常甜，所以慕斯基本无需放糖。让覆盆子、巧克力各自散发自己独有的味道，保持覆盆子的酸爽和巧克力的苦涩。这两种味道融合，让整体口感更丰富。也有在慕斯中加入蛋白霜的做法，不过加入蛋白霜，味道会受影响。

　　装饰时撒上巧克力碎，摆上新鲜覆盆子、开心果等，使外观更为华丽。以黑色为基调，点缀上红色的覆盆子，看似味道厚重，竟然入口即化，还带有一丝清爽。苦涩和酸爽交融，味道绝佳。

Cacao aux framboises

覆盆子巧克力慕斯

制作慕斯蛋糕的诀窍都是一样的。将放入吉利丁片的覆盆子酱、巧克力酱放入打发淡奶油时，一定要冷却到和淡奶油温度相同。

材料（33cm×8cm×4cm 的慕斯模 1 个）

【海绵蛋糕】^{*1} （25cm×36cm 的烤盘 1 个）

- 蛋黄　128g
- 细砂糖　110g

- 蛋白　128g
- 细砂糖　34g

低筋面粉　60g

无糖可可粉　26g

无盐软化黄油　38g

【覆盆子慕斯】

冷冻覆盆子果泥　100g

细砂糖　8g

吉利丁片　3g

樱桃利口酒　6g

淡奶油（乳脂含量38%）　90g

覆盆子碎^{*2} 　30g

【巧克力慕斯】

淡奶油　45g

牛奶　30g

无糖可可粉　8g

调温巧克力　85g

　黑巧克力，可可脂含量70%

无盐黄油　60g

淡奶油（打发用）　120g

【镜面巧克力酱】

- 水　45g
- 细砂糖　112g
- 淡奶油　105g

无糖可可粉　45g

吉利丁片　5.4g

【装饰】

覆盆子、开心果、巧克力碎　各自适量

巧克力片^{*3} 　适量

*1 这次使用一半海绵蛋糕即可。
剩下的可以用来制作其他糕点，不能立即食用时冷冻保存。
*2 将覆盆子冷冻切碎（如上图）
*3 将调温后的巧克力做成薄片。

➔ **顺序** ￩

1 烘烤海绵蛋糕
↓
2 铺上海绵蛋糕
↓
3 制作覆盆子慕斯
↓
4 制作巧克力慕斯
↓
5 制作镜面巧克力酱
↓
6 完成

烘烤海绵蛋糕

1 低筋面粉和可可粉混合，过筛2次。

2 碗内放入蛋黄，用电动打蛋器打散，加入细砂糖打发到颜色发白、体积膨胀。

3 在搅拌机的碗内放入蛋白，用搅拌机打发。打发到有小角立起，加入细砂糖，继续打发，做成坚硬的蛋白霜。

4 将1/3的蛋白霜放入**2**的蛋黄，用橡皮刮刀慢慢翻拌。

5 将**4**倒回蛋白霜碗内，用力搅拌平整气泡。

6 一点点放入过筛的粉类，略微翻拌。

7 粗略搅拌后，放入软化后的黄油。

8 搅拌到出现光泽。

9 烤盘铺上油纸，倒入面糊，平整表面。放入烤箱180℃烘烤约15分钟，放在蛋糕架上晾凉。

铺上海绵蛋糕

10 海绵蛋糕上色一面朝上，用慕斯模压出合适的大小。

11 海绵蛋糕两边各放上1.5cm厚的棒子，将上色一面的蛋糕切成1.5cm厚。

12 将海绵蛋糕铺在模具中。

制作覆盆子慕斯

13 吉利丁片用水浸泡变软。

14 覆盆子果泥和细砂糖搅拌。

15 将**14**的覆盆子果泥的1/10倒入耐热容器，**13**的吉利丁片沥干水分放入。微波炉加热20~30秒软化，也可以隔水加热。

16 将**15**倒回剩下的覆盆子内，搅拌均匀。加入利口酒搅拌，冷却到和淡奶油一样的温度。

17 碗内倒入淡奶油，用电动打蛋器打发到7分发，有小角立起。

18 将**17**的1/3的淡奶油加入**16**，用橡皮刮刀搅拌。

24 再次开火加热，用打蛋器搅拌到可可粉软化。

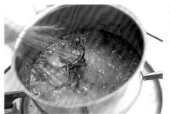

19 将剩下的淡奶油倒入**18**，搅拌到顺滑。

25 再次加热到沸腾，倒入巧克力碗内，用橡皮刮刀搅拌到软化。

20 海绵蛋糕铺在模具中，倒入慕斯，平整表面。

26 放入搅拌到蛋黄酱形状的黄油，用打蛋器搅拌融合。冷却到和淡奶油同样的温度。

21 随意撒上覆盆子碎，放入冰箱冷藏凝固。

27 碗内放入淡奶油，用电动打蛋器打发到7分发，有小角立起。

制作巧克力慕斯

22 黄油室温软化，搅拌成类似蛋黄酱的形状。巧克力切碎，放入碗内。锅内倒入淡奶油、牛奶，开火加热。

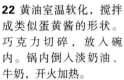

28 将**27**的淡奶油的1/3放入**26**，搅拌到顺滑。

23 煮到沸腾后，关火，加入可可粉，用打蛋器搅拌到顺滑。

29 将**28**倒回剩下的淡奶油内，用橡皮刮刀慢慢搅拌，不要消泡。搅拌到没有白色纹路就好了。

30 倒入已经装有覆盆子慕斯的模具，最后用刮刀抹平。放入冰箱冷藏，凝固30分钟左右。

完成

35 将模具从冰箱中取出。镜面巧克力酱用打蛋器搅拌到柔软顺滑，倒在巧克力慕斯上。

制作镜面巧克力酱

31 吉利丁片放入足够的水中浸泡，可可粉过筛备用。锅内倒入水、细砂糖、淡奶油，开火加热。

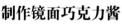

32 煮到沸腾后关火，放入全部可可粉，用打蛋器搅拌到顺滑。再次开火加热，边加热边搅拌，沸腾后关火。

36 用抹刀抹平表面。
37 将粘在模具周边的镜面巧克力酱刮掉，用喷枪加热模具周边，脱模。用热毛巾热敷也可以。

33 放入沥干水分的吉利丁片，边搅拌边用余热软化。

38 用加热的刀切下两端。

34 用筛网过滤，冷却到约40℃。

39 继续用加热的刀切下宽3.5cm小块。撒上巧克力碎，装饰上覆盆子、开心果和巧克力片。

Mariage

草莓白巧克力蛋糕

　　白巧克力是可可脂加入砂糖、奶粉制成，因为没有上色的可可成分，所以呈白色，没有苦味。利用白巧克力的顺滑口感，和卡仕达奶油酱搅拌做成味道浓郁的奶油酱，搭配上酸爽的草莓和松软绵润的海绵蛋糕，就做成富有春天气息的蛋糕了。

　　蛋糕胚选用海绵蛋糕。打发的蛋液，和粉类、软化黄油搅拌，烘烤而成。关键在于将蛋液用力打发。放入黄油后用力搅拌，消灭气泡，搅拌到出现光泽为止。

　　将巧克力软化后摊薄，做成扇状，用来装饰。这也叫做巧克力片，在巧克力制作中算是很高超的一种技术。如何让摊薄的巧克力保持不软不硬的状态，这才是难点。一定要多尝试几次，掌握要点。只要能这样装饰，就能做出正宗的草莓白巧克力蛋糕来。

　　海绵蛋糕、卡仕达奶油酱，也是制作各种糕点的基础。这个蛋糕将各种基础技能结合起来，就算是糕点初学者也能轻松制作出来。

Mariage

草莓白巧克力蛋糕

使用无底心型模具和有底圆形模具。这次使用 2cm 厚的
海绵蛋糕，剩余的用作其他甜点。烘烤后要完全冷却，
也可以冷冻保存。

材料（18cm×16cm 的心型模具 1 个）

【海绵蛋糕】（直径 21cm 的圆型模具 1 个）

- 鸡蛋 4 个（240g）
- 细砂糖 120g
- 低筋面粉 110g
- 杏仁粉 20g

无盐软化黄油 30g

涂抹模具用黄油、低筋面粉 各自适量

【白巧克力酱】

牛奶 250g

香草豆荚 1/4 根

蛋黄 3 个（60g）

细砂糖 75g

低筋面粉 25g

无盐黄油 120g

调温白巧克力 70g

樱桃利口酒 18g

【酒糖液】

水 50g

细砂糖 36g

樱桃利口酒 16g

【装饰】

调温白巧克力 200g

淡奶油 100g

细砂糖 7g

草莓 1.5 盒

糕点用转印纸 1 张

开心果碎 适量

镜面果胶（市售）* 适量

*为了增加光泽，避免和空气接触，
这里使用的是无色果胶。

➜ 顺序 ➜

1 提前准备
↓
2 制作装饰
↓
3 烘烤海绵蛋糕
↓
4 制作白巧克力酱
↓
5 填充巧克力酱
↓
6 完成

提前准备

1 在海绵蛋糕用的圆模内侧，用刷子涂上黄油，薄薄撒上一层面粉。拍落多余的面粉，底部铺上油纸。

2 心形模具内侧也薄薄涂一层软化的黄油。

3 小锅内放入酒糖液用的水和细砂糖，开火加热，煮到沸腾后关火。室温放置冷却，倒入樱桃利口酒搅拌，做成酒糖液。海绵蛋糕用的低筋面粉和杏仁粉混合，过筛2次。黄油隔水加热软化。巧克力酱用的黄油室温软化。

制作装饰

4 装饰用的巧克力切碎，放入碗内。隔水加热，加热到约40℃软化。离火，冷却到35℃。

5 取少量**4**倒在大理石台上，用刮板上下均匀刮平。要刮薄到大理石台若隐若现的程度。

6 巧克力冷却到20℃后，开始凝固，用刮板像画弧线一样削出褶皱。如果中间断掉没有顺利连接，就将巧克力再次隔水加热软化，做出很多褶皱。

7 剩下的巧克力，用抹刀薄薄摊平在转印纸上。凝固后，将转印纸撕下。

烘烤海绵蛋糕

8 搅拌机用的碗内倒入蛋液，用打蛋器轻轻打散，一边一点点加入细砂糖一边搅拌。碗用小火加热，边转动碗边打发，将蛋液加热到40℃。不时离火，这样不会让温度过高。

9 蛋液温度达到40℃后，用搅拌机高速打发。打发到能用来画线后，中速打发，让蛋液变得细腻。

10 舀起蛋液，能慢慢落下，暂时保持形状，就打发好了。

11 分3次放入过筛的粉类，用橡皮刮刀快速搅拌。

12 将少量面糊放入软化的黄油中，搅拌均匀，再倒回蛋液中。直接加入黄油会沉入底部，所以先和部分面糊混合后再放入，就不会沉底了。

13 用橡皮刮刀搅拌均匀。

14 搅拌到面糊出现光泽，缓缓流下，有纹路就可以了。

15 倒入准备好的模具中，用橡皮刮刀搅拌，平整表面。稍稍拿起模具，轻敲5~6次，排出面糊内的空气。

16 放入烤箱170℃烘烤15分钟，将温度调低到160℃，再烘烤15分钟。用手轻轻按压，柔软有弹性，不再有咻咻的声音就烤好了。脱模，放在蛋糕架上冷却。

制作白巧克力酱

17 锅内倒入牛奶。香草豆荚剖开，用刀背刮出香草籽，连同豆荚一起放入锅内。再加入一半的细砂糖，开火加热。低筋面粉过筛，和剩下的细砂糖混合均匀。

18 碗内放入蛋黄打散，放入全部粉类和细砂糖，用打蛋器搅拌到顺滑。

19 牛奶煮到沸腾后，将一半牛奶倒入蛋黄中搅拌均匀，再倒入剩下的牛奶搅拌均匀。

20 用筛网过滤到锅内（香草豆荚要一直浸泡到最后，让香草味道充分渗入材料中）。

21 大火加热，用打蛋器快速搅拌，煮透。

22 沸腾后继续搅拌，搅拌到没有疙瘩，出现光泽后离火。

23 放入切块的巧克力，搅拌软化。

24 倒入碗内，碗底放入冰水冷却，边搅拌边冷却到约20℃。

25 另取一碗，放入室温软化的黄油，搅拌成类似蛋黄酱的形状，放入冷却的巧克力酱中。

26 搅拌到顺滑，最后放入利口酒提香。

填充巧克力酱

27 将海绵蛋糕切成2片厚1cm的圆片。前后放置1cm高的铝棒，沿着铝棒切下来。

28 用心型压模压出造型。

29 表面刷上足够的酒糖液，将表面濡湿。

30 在心形模具中铺上一片海绵蛋糕，放在方盘上操作，这样更方便移动。将草莓去蒂，纵向对半切，沿着模具摆一圈。

31 裱花袋装上直径1cm 的裱花嘴，装上白巧克力酱，挤到草莓中间。

32 从外向内，将白巧克力酱挤在海绵蛋糕上。

33 用抹刀将挤在草莓之间的巧克力酱抹平，没有缝隙。

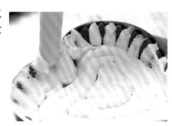

34 在巧克力酱上面，摆满去蒂草莓。轻轻按压草莓，使其固定在巧克力酱中。

35 挤出巧克力酱将草莓覆盖起来，用橡皮刮刀平整。

36 再取一片海绵蛋糕，上面用平坦的烤盘或方盘压住，使其贴合。放入冰箱冷藏约1个小时，冷却凝固。

完成

37 淡奶油加入细砂糖打发，做成打发淡奶油。放在蛋糕上面，用抹刀抹平。

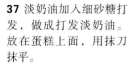

38 侧面也抹平，将蛋糕放在旋转台上。

39 用喷枪将模具加热。没有喷枪时，可以用热毛巾包在模具周围加热。小心脱模。

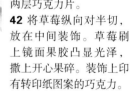

40 用抹刀将侧面抹平。

41 将蛋糕装盘，装饰上两层巧克力片。
42 将草莓纵向对半切，放在中间装饰。草莓刷上镜面果胶凸显光泽，撒上开心果碎。装饰上印有转印纸图案的巧克力。

Bûche de Noël

圣诞木柴蛋糕

　　我在法国时，每逢圣诞前夕，蛋糕店都陈列着大小不同的圣诞木柴蛋糕。有圆形、四边形、半圆形，形状各异，但是外观都近似树皮，看起来像是布满纹路的木柴。

　　我制作的圣诞木柴蛋糕，有着巧克力的浓郁醇香，入口即化。粉类会影响巧克力的口感，所以无需添加。

　　圣诞木柴蛋糕看起来像是海绵蛋糕，其实是打发的蛋液和巧克力混合烘烤而成。不含粉类，所以口感柔顺，入口即化。大量的甘纳许作为内馅，用镜面巧克力酱装饰来增加光泽度，就是这3个基本组成部分。除巧克力外，主要材料还有鸡蛋、砂糖、淡奶油和牛奶，无需额外提香。为了能充分品尝到巧克力的美味，只需简单组合，就可以享受完美搭配的奇妙。如何做出简单的蛋糕，也是我一直在研究的课题。

　　蛋糕完成后，用栗子或坚果等装饰。再添加其他装饰，来烘托圣诞节的氛围。巧克力是决定味道的关键，所以要使用上好的巧克力。

Bûche de Noel

圣诞木柴蛋糕

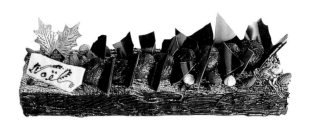

法国的圣诞蛋糕，外表近似木柴。完全不使用粉类，满满都是巧克力的豪华蛋糕。过圣诞，一定要准备圣诞木柴蛋糕！

材料（8cm×36cm×4cm 的慕斯模 1 个）

【巧克力蛋糕】（约 40cm×30cm 的烤盘 1 个）

蛋黄　90g

细砂糖　50g

调温巧克力（黑巧克力，可可脂含量 70%）　110g

蛋白　180g

细砂糖　50g

【甘纳许】

调温巧克力（黑巧克力，可可脂含量 70%）　250g

淡奶油（乳脂含量 38%）　130g

淡奶油（乳脂含量 38%）　100g

【镜面巧克力酱】

牛奶　150g

水饴　15g

调温巧克力（黑巧克力，可可脂含量 70%）　150g

代可可脂巧克力 *1　300g

起酥油 *2　15g

【巧克力片】

调温巧克力（黑巧克力，可可脂含量 62%）　50g

调温白巧克力　20g

【装饰】

糖粉　适量

糖煮栗子　8 个

杏仁、开心果、榛子　各自适量

白巧克力板　1 片

*1 无需调温的巧克力，用棕榈油等油脂代替可可脂。光泽和延展度好，主要用来装饰。（参考P19）

*2 代替酥油的加工油脂，混入巧克力中增加光泽。

➡ 顺序 ⬅

1 制作巧克力片
　↓
2 烘烤巧克力蛋糕
　↓
3 制作甘纳许
　↓
4 装入模具
　↓
5 制作镜面巧克力酱
　↓
6 完成

制作巧克力片

1 将调温后的白巧克力（参考P25）一点点抹在薄纸上，用抹刀抹平。

2 上面倒上调温后的黑巧克力（参考P22~23），摊平后静置一会儿，凝固后从纸上撕下来。

烘烤巧克力蛋糕

3 碗内放入蛋黄打散，加入细砂糖，用打蛋器或者电动打蛋器打发，打发到颜色发白、体积膨胀。

4 巧克力切块，隔水加热软化。

5 搅拌机用的碗内倒入蛋白，先加入1/10的细砂糖打发。有小角立起后，分3~4次放入剩余的细砂糖，打发成坚硬的蛋白霜。

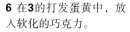

6 在**3**的打发蛋黄中，放入软化的巧克力。

7 用打蛋器搅拌均匀，搅拌到看不到巧克力纹路为止。

8 将**5**的蛋白霜的1/3放入**7**，用打蛋器用力搅拌。

9 搅拌到没有白色纹路，放入剩余的蛋白霜，用橡皮刮刀翻拌，注意不要消泡。

10 烤盘铺上油纸，倒入面糊，用抹刀抹平。放入烤箱180℃烘烤14分钟，放在蛋糕架上冷却。

制作甘纳许

11 巧克力切碎，放入碗内。锅内倒入130g淡奶油，开火加热，煮到沸腾后离火，放入巧克力。

12 静置约2分钟，从中间开始搅拌，让巧克力软化。

13 搅拌到顺滑，前后搅拌使其乳化。

14 搅拌机用的碗内倒入100g淡奶油打发。打发到有小角立起就可以了。

15 将**14**的淡奶油的1/3倒入**13**，用打蛋器搅拌到顺滑。

16 将**14**剩下的淡奶油放入**15**中，用橡皮刮刀搅拌均匀。

17 搅拌到出现光泽就可以了。

装入模具

18 将巧克力蛋糕夹在方盘中间，上下翻转。

19 撕下油纸。再用方盘夹住上下翻转，上色一面朝上。

20 放在模具中，用模具分割成3片。

21 将1片巧克力蛋糕放在操作台上，盖上模具。

22 在**21**里倒入1/4的甘纳许，用橡皮刮刀抹平。

23 放上第2片巧克力蛋糕，轻轻按压。放入和**22**等量的甘纳许，用橡皮刮刀抹平。

24 放入第3片巧克力蛋糕，轻轻按压。

25 倒入甘纳许，用抹刀抹平，和模具边缘齐平，放入冰箱冷藏。

制作镜面巧克力酱

26 巧克力切碎，代可可脂巧克力切大块，放入碗内混合。

27 锅内倒入牛奶和水饴，开火加热，煮到沸腾后离火，放入**26**的碗内。

28 静置约1分钟。

29 从中间开始搅拌，让巧克力软化。搅拌到顺滑后，前后搅拌使其乳化。

30 搅拌到出现光泽后，加入起酥油，再次搅拌到出现光泽。

31 查看状态，如果质地较硬，可以加入1大匙水。

32 搅拌到顺滑可流动的程度就可以了。

完成

33 从冰箱中取出模具，用喷枪加热模具周边，或者用热毛巾覆盖模具周边，脱模。

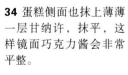

34 蛋糕侧面也抹上薄薄一层甘纳许，抹平，这样镜面巧克力酱会非常平整。

35 蛋糕架架在方盘上，放上蛋糕。将镜面巧克力酱加热到35℃，最适合延展时，倒在蛋糕上。

36 用抹刀平整表面。还需要用叉子装饰，所以要留有一定厚度。

37 用叉子画出纹路，类似木柴树皮。

38 撒上糖粉，放上栗子和大小适当的巧克力片。

39 用油纸制作圆锥型裱花袋（参考P159），装入甘纳许，剪出小口，挤在白巧克力上。

40 白巧克力上用甘纳许写下文字，撒上坚果装饰。

巧克力糕点用语

A

Amandes
法语，杏仁的意思。

B

白兰地
将葡萄酒蒸馏后制成的酒类。白兰地和阿马尼亚克酒都是葡萄酒蒸馏后制成的。

包裹
将松露巧克力或者夹心巧克力的内馅裹上巧克力的过程。使用调温后的巧克力来制作。

C

叉子
是指制作巧克力专用的叉子。将内馅浸蘸软化的调温巧克力时使用。有圆形或者圆圈的尖端，有2～5个齿，根据内馅的形状和用途来选择合适的叉子。

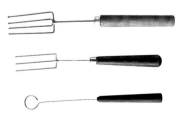

D

打孔器
烘烤挞皮或者派皮时，为了防止面皮膨胀鼓起，用专用的打孔器或者叉子的尖端，将面皮底部和侧面叉出孔洞。

大理石操作台
也称作大理石台，最适合用来给巧克力调温或者揉搓面团。因为材料冰凉，不容易受到温度变化的影响，可以抑制材料温度上升。可以使用干净的不锈钢操作台代替。

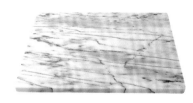

代可可脂巧克力
也叫做装饰用巧克力，因为不含可可脂，所以无需调温（参考P19）。

蛋白霜
将砂糖放入蛋白中，打发成坚硬的蛋白霜。查看蛋白是否能形成鸟嘴一样的小角，来查看打发程度。

蛋糕架
盛放烤好的糕点使其冷却降温。因为有支架，所以通风很好，降温时不会积聚湿气，也称为烤架或者烤网。

F

发酵淡奶油
淡奶油加入乳酸菌使其发酵的发酵淡奶油。

翻糖
将糖液搅拌，让砂糖结晶，白浊化形成。

覆盆子
也就是木莓，可以使用新鲜的果粒或果

泥，也可以使用冷冻后的覆盆子碎。

覆盆子蒸馏酒
将覆盆子浸泡在酒精中，经过蒸馏后制成。

G

甘纳许
以巧克力为基础，放入淡奶油、黄油和奶油等液体，混合制作而成。有巧克力和淡奶油的简单搭配，也可以添加黄油、洋酒等，样式多样。可用来制作夹心巧克力的内馅、或者泡芙、挞皮的填充酱。

高脂淡奶油
淡奶油的一种，是乳脂含量50%左右的浓香淡奶油。

隔水加热
将装有材料的碗或者锅放入热水中，隔水加热。

刮板
调温时用来延展巧克力，或者刮除模具周边多余的巧克力时使用，指的是三角形金属刮板。

硅油纸
铺在烤盘或模具上，防止被巧克力或者面糊粘连。有的表面有硅胶涂层，没有时用一般油纸代替。

过滤
是指将液体或者酱汁通过筛网过滤，来去除种子或颗粒，使其柔软顺滑。如果量小，可以用滤茶器代替。

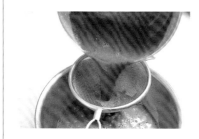

H

海绵蛋糕
是指烘烤两次的蛋糕，以面粉、鸡蛋、砂糖为主要材料制成。

J

吉利丁片
从动物的骨骼和表皮中提取出来，主要成分是胶原蛋白。浸泡在水中使其软化，沥干水分使用。

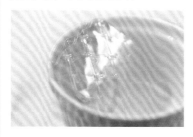

焦糖/焦糖化
焦糖是将砂糖熬煮到180℃，变成茶褐色的糖液；焦糖化是指制作焦糖的过程，或者将焦糖倒入模具，附着在模具上的过程。

焦糖榛子酱
将熬煮成焦糖的糖衣裹在杏仁或榛子仁上，切碎磨成泥制成。

焦糖榛子碎
将熬煮成焦糖的糖衣裹在榛子仁上，切碎制成。

浸蘸
将内馅浸入裹上调温后的巧克力的过程。

静置
将搅拌或者混合后的面团放入冰箱冷却，或者室温放置，和醒发步骤一样。

镜面果胶
增加光泽或者避免和空气接触氧化的隔绝材料。有的从杏桃果酱中磨成泥制成，有的是果汁里加入果胶等凝固剂制成。

夹心巧克力
直径约2cm的巧克力的通称，包括松露巧克力、樱桃巧克力或者奶油夹心巧克力等。变化内馅、形状、颜色等，就可以做出种类繁多的巧克力。

K

可可碎
可可豆去除外皮和胚芽，略微磨碎制成（参考P18）。

可可液块

将可可豆去除外皮和胚芽，磨碎后制成。因为没有混入其他材料，也叫做苦巧克力（参考P18）。

L

淋酱

增加糕点的味道和光泽，一般淋上镜面巧克力酱。除了巧克力酱之外，也可浇淋糖霜或其他酱类。

M

模具

将巧克力倒入模具中，可做出和模具一样形状的巧克力。

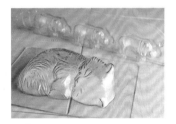

树脂模具

黄铜模具和不锈钢模具

抹刀

涂抹奶油或者镜面巧克力酱等，让材料变得平整的金属工具，也称为刀铲。

慕斯

法语中是泡沫的意思，将打发淡奶油

或者蛋白霜加入过滤后的材料，混合成质地柔软、入口即化的糕点。

内馅

是指夹心巧克力的内芯。有甘纳许、焦糖榛子仁等各种类型。

N

凝固剂

稳定剂的一种。

P

刨削

将调温巧克力刨削成木片，可以用抹刀、压模或挖球器等刨削。

Q

起酥油

用来替代酥油的加工油脂。混入巧克力中增加光泽。

巧克力片

将调温后的巧克力摊平变薄，做成薄片作为装饰用巧克力。

R

乳化

给不安定的粒子刺激，从而排列成稳定结晶体。

S

筛网

网目较细的滤网。可以当作过滤器，也可以用来撒粉。

扇形巧克力片

将调温后的巧克力摊成薄片，再做出褶皱成为扇形，用于糕点装饰。

水洗奶酪

牛奶中加入凝乳酵素凝固，沥干水分制成的新鲜奶酪。

T

糖度计

熬煮糖浆或果酱时，查看液体糖度时使用。先将液体去除，冷却到20℃后再测量糖度。

糖渍橙皮

将橙皮用糖水熬煮。用糖水熬煮时要分次放入细砂糖，重复操作，将糖度慢慢升高。糖渍橙子糖度更高，比制作糖渍橙皮时更要耐心，做好后可以直接作为甜点。

甜挞皮

是指放入砂糖的挞皮。

调温

将调温巧克力软化，进行温度调节，让可可脂结晶稳定（参考P20～P25）。

调温巧克力

是指可可含量35%以上，可可脂含量31%以上，固体成分2.5%以上，而且除了可可脂之外，不能再添加其他油脂的巧克力。有黑巧克力、牛奶巧克力和白巧克力等（参考P14～P15）。

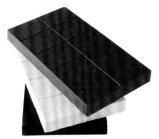

W

温度计

调温时最好使用能够测量表面温度的电子温度计。制作焦糖的糖液或者熬煮果酱时，要使用能够测量200℃的温度计。

电子温度计

X

香草豆荚

也叫做香草棒，是指兰科植物梵尼兰的豆荚和种子。保存时要注意防止其干燥。

杏仁碎/杏仁粉

杏仁是蔷薇科树木的果实，杏仁切成碎末制成杏仁碎，杏仁磨成粉末制成杏仁粉。

Y

樱桃利口酒

将野生的小樱桃发酵制成的蒸馏酒。

圆形底座

是指圆形平坦的东西，制作樱桃巧克力（P42～P43）时制作樱桃的底座。将调温巧克力延展成直径约2cm的圆片。

圆锥型裱花袋

用硅油纸等制作出圆锥型的裱花袋。因为开口较小，可以在挤入模具的细微部分或者写字时使用。

做法

1 将硅油纸裁成长方形，如图1所示，在稍微偏离对角线的地方这斜着裁开。

2 在最长一边的1/3处，用大拇指按住当作轴心。

3·4 将2的大拇指作为轴心卷起来，做成圆锥形状。

5 最好尖端的定点和卷起的最外边形成一条直线。

6 将材料装入裱花袋中。如果超过裱花袋的1/3会溢出来，所以要多加注意。填充完材料后，按压住最外边，左右对称，各折2次，折向最外边。

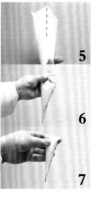

7 最后，将上面三角形的部分折向最外边的另一边，就完成了。用剪刀剪出小口，就可以挤出材料了。

Z

增加黏稠度

将液体经过冷却、加热或者打发来增加黏稠度。

榛子泥

将榛子仁磨成泥制成。

榛子巧克力

放入了经过烘烤磨碎的榛子仁的巧克力。除了榛子仁之外，还可以加入杏仁或者其他坚果仁（参考P19）。

镇石

也称为重石或者压石，铝制品。将挞皮铺在模具烘烤时，为了抑制挞皮膨胀鼓起，放上颗粒状镇石压住。

煮到沸腾

将牛奶或者淡奶油加热，使其沸腾。如图所示冒出大量气泡，快要溢出锅外时关火，快速操作下一个步骤。

转化糖浆

将蔗糖分解成葡萄糖和果糖。呈现白色的液体或固体。味道厚重香甜，让糕点烘烤时容易上色。

版权所有 侵权必究

图书在版编目（CIP）数据

巧克力圣经 : 巧克力大师的美味秘诀 / (日) 土屋
公二著 ; 周小燕译著. －－ 北京 : 中国民族摄影艺术出
版社, 2015.10
　ISBN 978-7-5122-0748-6

Ⅰ. ①巧… Ⅱ. ①土… ②周… Ⅲ. ①巧克力糖 – 制
作 Ⅳ. ①TS246.5

中国版本图书馆CIP数据核字(2015)第224045号

TITLE： ［ショコラティエのショコラ］
BY： ［土屋公二］
Copyright © 2006 Koji Tsuchiya
Original Japanese language edition published by NHK Publishing, Inc.
All rights reserved. No part of this book may be reproduced in any form without the written permission
of the publisher.
Chinese translation rights arranged with NHK Publishing, Inc.,Tokyo through Nippon Shuppan Hanbai
Inc.

本书由日本株式会社NHK出版授权北京书中缘图书有限公司出品并由中国民族摄影艺术出
版社在中国范围内独家出版本书中文简体字版本。
著作权合同登记号：01-2015-6297

策划制作：北京书锦缘咨询有限公司（www.booklink.com.cn）
总 策 划：陈 庆
策　　划：陈 辉
设计制作：王 青

书　名：巧克力圣经：巧克力大师的美味秘诀
作　者：［日］土屋公二
译　者：周小燕
责　编：吴 叹 张 宇
出　版：中国民族摄影艺术出版社
地　址：北京东城区和平里北街14号（100013）
发　行：010-64211754 84250639 64906396
网　址：http://www.chinamzsy.com
印　刷：北京美图印务有限公司
开　本：1/16　185mm×260mm
印　张：10
字　数：56千字
版　次：2016年1月第1版第1次印刷
ISBN 978-7-5122-0748-6
定　价：98.00元